中等职业教育土木水利类专业"互联网+"数字化创新教材

中等职业教育"十四五"推荐教材

建筑应用文写作实务

孙慧娜　主编

莫　艺　李　洁　副主编

中国建筑工业出版社

图书在版编目（CIP）数据

建筑应用文写作实务 / 孙慧娜主编. —北京：中
国建筑工业出版社，2021.9
中等职业教育土木水利类专业"互联网＋"数字化创
新教材　中等职业教育"十四五"推荐教材
ISBN 978-7-112-26277-9

Ⅰ. ①建⋯　Ⅱ. ①孙⋯　Ⅲ. ①建筑业-应用文-写作
-中等专业学校-教材　Ⅳ. ①TU

中国版本图书馆 CIP 数据核字（2021）第 131376 号

本教材是以当前建筑行业中常用的各类应用文为基础，如条据、通知、报告、总结、建筑招标投标书、施工合同、交底资料、施工日志、调查问卷、新闻稿、求职信、简报等，理论与实践相结合，概念与范本相联系，为使用者提供深入浅出的学习、阅读与实践。

本教材可作为中等职业学校土木水利类教材，也可作为企业岗位培训及相关人员参考用书。

为便于教学和提高学习效果，本书作者制作了教学课件，索取方式为：1. 邮箱 jckj@cabp.com.cn；2. 电话（010）58337285；3. 建工书院 http：//edu.cabplink.com；4. 交流 QQ 群 796494830。

责任编辑：刘平平　李　阳
责任校对：赵　菲

中等职业教育土木水利类专业"互联网＋"数字化创新教材
中等职业教育"十四五"推荐教材
建筑应用文写作实务
孙慧娜　主编
莫　艺　李　洁　副主编

＊

中国建筑工业出版社出版、发行(北京海淀三里河路 9 号)
各地新华书店、建筑书店经销
北京鸿文瀚海文化传媒有限公司制版
北京圣夫亚美印刷有限公司印刷

＊

开本：787 毫米×1092 毫米　1/16　印张：10　字数：168 千字
2021 年 9 月第一版　　2021 年 9 月第一次印刷
定价：25.00 元（赠教师课件）
ISBN 978-7-112-26277-9
（37697）

前　言

　　为了适应我国土建类教育事业和实践的需要及读者的要求，在中国建筑出版传媒有限公司的支持下，特组织广东、河北、广西等地建筑学校的几位一线教学老师，根据多年教学实践及建筑从业者的实践反馈，按照 2020 年中职语文新课标要求，编写了此书。

　　本书分应用文入门、日常应用文、建筑文书、其他应用文四篇，概括来讲，应用文入门为理论部分，其他三篇为实践部分，实践部分分别对应新课标中的基础模块、职业模块和拓展模块。分别由孙慧娜、李洁、莫艺、魏肖鱼、胡学斌等几位同志负责编写。全书始终紧扣应用文这一核心，按照理论与实操的模式，在考虑学习者学习情况与从业者基本日常需求的基础上，从日常专业部分着眼，以大量的建筑类文本案例为基础，以最新的国家应用文标准要求为规范等，尝试引导学习者把专业实践与文化课学习有机融合，体悟专业实践与应用文的美与精，提高大家对日常应用文及专业应用文的学习与实践。

　　该书符合国家规范要求，与建筑专业实际结合密切，具有很强的实用性和指导性，配套课件和资源库对教材学习支持性强，全书以专业、精巧的内容安排与案例示范，深入浅出地引导学习者快速翻阅查找并掌握相关内容，能够基本满足建筑行业、房地产行业、市政行业、现代服务业等职业岗位需求及面向生产、建设、服务和管理一线的城市建设类技术技能型人才需求，所以无论对初学、自学者，还是对从事土建、教学工作者，都有一定的参考价值。

　　本书既可以作为教材使用，也可以作为工具书使用，常学常用，常阅常新，在使用过程中，可以根据需要自由切换组合，不必囿于章节编写前后顺序，建议可以先通读每章节的理论概述部分，在对应用文文种有一定初步了解后再结合案例深入对照学习，可以事半功倍，更好更快掌握相关内容。

　　本书在编写过程中，得到了许多专家学者的指导建议，也感谢参编人员所在学校如广州市建筑工程职业学校、石家庄城市建设学校、广西城市建设学校等的大力支持，感谢从业者的反馈建议，在此一并致以最诚挚的谢意。考虑到社会发展的日新月异，也受限于编者的能力水平，本书也难免会有错漏疏忽之处，欢迎大家在使用过程中批评指正，积极反馈。

目　录

第3篇　职业模块：建筑文书

第4篇　拓展模块：其他应用文

应用文入门

第 1 篇

教学单元1

认识应用文

Chapter 01

教学目标

1. 知识目标

了解应用文的一般概念和分类；理解应用文的功能；掌握写作应用文的基本工具和方法。

2. 能力目标

具备辨识各类应用文，知其分类作用的基本能力，提高写作应用文的兴趣。

本单元主要介绍应用文相关基本知识，如应用文的概念、分类、功能等，对应用文有初步认识。

第1单元
导学

1.1　应用文概述

古往今来，时光变迁，人类社会从文字产生发展以来，应运而生了一系列妙笔生花的写作活动，在不同的时代，产生了多姿多彩的写作手法与体裁，如绮丽多彩的唐诗、隽永有味的宋词、言简意赅的散文、情真意切的表书、玄幻多变的话本、引人入胜的小说……

梳理这些在不同的环境背景下，由不同身份的作者所创作的写作活动中，总有一类文体与人类的交际交流、处理事务息息相关，这就是应用文。何为应用文，应用文是固定不变的吗，有哪些写作格式与要求，是否有通用套路之说，写作时可否有作者自己的个性化特色与语言表述？

"文章合为时而著，歌诗合为事而作"。谈到应用文，我们不由地会想起这句话，是的，应用文重点在应用，而且是切时、切事、切情、切理的应用。在历经数代的传承与发展中，应用文形成了独具特色的语言表达，尽管应用文的文种越来越丰富，但它的基本功能仍然是固定的，格式也是相对固定的，效用也是可循的。

我们认为，应用文就是一种人们在生产生活中为了传递信息、处理事务、交流感情的有规范语言表达、功能明确的工具，有时还可作为凭证和依据。

1.2　应用文分类

虽然学术界对应用文未有一个统一的概念，但这并不影响对应用文的分类，一般来讲，应用文可以按用途分为指导性应用文、报告性应用文和计划性应用文；按性质分可分为公务文书和一般性应用文；按行业分财经应用文、外贸应用文、建筑应用文等。

应用文
分类

1.2.1 按用途分

应用文按用途可分为指导性应用文、报告性应用文和计划性应用文三类：

指导性应用文，指具有指导作用的应用文，一般用于上级对下级的行文，如命令（令）、决定、决议、指示、批示、批复等。

报告性应用文，指具有报告作用的应用文，一般用于下级对上级的行文，如请示、工作报告、情况报告、答复报告、简报、总结等。

计划性应用文，指具有各种计划性质作用的应用文，常用于对某件事或某项工程等开始前的预计，如计划、规划、设想、意见、安排等。

1.2.2 按性质分

应用文按性质分可分为公务文书和一般性应用文。

公务文书又称为公文，它是指国家法定的行政公务文书。1964 年中华人民共和国国务院秘书厅发布了《国家行政机关公文处理试行办法（倡议稿）》，在第二章中把公务文书规定为九类 11 种，即命令、批示、批转、批复（答复）、通知、通报、报告、请示、布告（通告）。国务院 1981 年发布了《国家行政机关关于公文办理暂行办法》，其中又把公文分为九类 15 种，即命令（令、指令）、决定（决议）、指示、布告（公告、通告）、通知、通报、报告（请示）、批复、函。国务院 2000 年又发布了《国家机关公文处理办法》，把公文分成 13 类，即命令（令）、公告、通告、通知、通报、议案、报告、批复、决定、请示、意见、函、会议纪要等。2012 年 7 月 1 日起又施行了《党政机关公文处理工作条例》，原有的 1996 年的《中国共产党机关公文处理条例》和 2000 年的《国家机关公文处理办法》停止执行，该条例中把主要公文分为 15 类，即决议、决定、命令（令）、公报、公告、通告、意见、通知、通报、报告、请示、批复、议案、函、纪要等。

一般性应用文，指法定公文以外的应用文，又可以分为简单应用文和复杂应用文两大类。简单应用文指结构简单、内容单一的应用文，如条据（请假条、收条、领条、欠条）、请帖、聘书、文凭、海报、启事、证明、电报、便函等；复杂应用文是指篇幅较长、结构较繁、内容较多的应用文，如总结、条例、合同、提纲、读书笔记、会议纪要等。

1.2.3　按行业分

传统意义上的应用文多指行政机关使用的公文，包括命令、批示、批复（答复）、通知、通报、报告、请示、布告（通告）等通用性常用文体。随着社会经济的发展及其越来越细的社会分工，为适应各行各业具体需要的专业类应用文文体应运而生，拓展了应用文的领域，丰富了应用文的种类与内容。应用文按行业可分为财经应用文、外贸应用文、建筑应用文等。

（1）财经应用文。指各类只为财经工作所用的财经专业类文书，是专门用于经济活动的经济应用文体的统称。

财经应用文在内容和形式方面体现出两大特征：从内容方面来看，财经应用文是为解决某个特定的经济问题或处理某项具体的经济工作而撰写的文种，它的内容同经济活动有关，是经济活动内容的反映；从形式方面来看，财经应用文大都有着固定的体式，带有一定的程式化特点。

财经应用文又可分为：财税工作应用文、生产经营应用文、企业管理应用文、信息交流应用文等。

（2）外贸应用文。是对外经贸企业专用的一门使用英语的应用文体。它是从事对外投资贸易工作的业务人员在沟通、处理和解决对外经贸的具体工作时一门用英文撰写的专业文种。它最突出的特点：一是，使用英文，或英、汉两种语言文字并存（一般在经贸合同中使用）；二是，基本结构、格式、用语及法律依据须符合国际惯例。

外贸应用文的内容包括：①对外公务、商务访问的文体。如：邀请信、感谢信、请柬、回帖与名片、宴会讲话、国际经贸会议讲演。②业务通信。如业务信件、传真等。③投资与贸易合同、协议书等。

（3）建筑应用文。是在建筑行业所用的建筑类文书，大多时候是一种制式表格，要求表达精确、用词准确简洁、结构严谨务实等。

建筑应用文主要包括：建筑类单据、表格、报告、招投标文件、合同、技术交底资料、施工日志、工程进度计划、工程变更资料等。

1.3 应用文功能

应用文
功能

应用文作为一种切时、切事、切情、切理的表达工具，是一种实用性很强的文章，其功能作用也日益重要。一篇表意准确、格式规范的应用文，在传递信息、处理事务、沟通情感、凭证凭据方面发挥着越来越重要的作用。应用文的功能，概括起来有以下主要内容。

1.3.1 传递信息

应用文是随着党政机关公文的应用而逐渐丰富发展起来的。党政机关、企业法人、公民个人等通过一系列公文发布交换活动，如发布各种法律法规、印发文件精神、提请申请建议等，进行政务信息、个人信息的传递等，从而推动各项工作有序展开。像建筑应用文，以工程项目招投标书为例，业主方或委托代理公司发布招标书，要在招标书中明确招标单位、项目、程序、范围、方式、投标单位资质、时限要求等；投标书呢，就要根据招标单位的具体要求，采用一定的格式（一般是招标方固定的招标书）而编写的极具针对性的文书。这些应用文所传递的信息可以通过主动公开、依申请公开等获得，这样一种上下互通的交流，使得我国各项事业蒸蒸日上，人民对美好生活的向往也愈发凸显。

1.3.2 处理事务

因应用而出的应用文，在处理事务方面的能力堪称一流，不论是国际交流、政务交流、还是个人大小事务的处理，都离不开应用文，可以说应用文在处理事务方面是"火力全开、所向披靡"的。以我们熟知的每个工作者都切身相关的社会保险调整、养老金调整为例，每年人社部门都会联合税务、财政等相关部门通过正式公文向社会各界宣告本年度的政策制定、基数调整、调整办法等，每一个切身相关的人都可以通过政府相应职能部门制定的具体文件来知晓相关具体事宜，还可以通过各职能部门的公众号、网站等查看文件及配套的解读、指南、办法、"推文"等进一步的详细了解。

1.3.3　沟通交流

人类社会是一个纽带型节点社会，人与人、单位与单位、个人与单位之间存在着错综复杂的关系，为了理顺这些多变复杂的关系，处理好各自的事务与需求，就存在着不可避免的沟通交流，而应用文这一规范性的表达工具在这一系列的沟通交流方面功不可没。当我们想念远方的亲友时，我们可以写一封情真意切的书信以表我们的相思；当我们创业成立一家新公司时，我们可以发一篇热情洋溢的开业致辞来抒发我们的豪情壮志；当我们某项工作需要特定机构提供支持时，我们可以用一个正式合规的发函来商调相关事宜；当我们负责的楼盘竣工发售时，我们可以刊一则发售广告来吸引大众的购买……

1.3.4　凭证依据

每一份应用文都可以作为凭证依据，只不过这种凭证依据作用要根据应用文的正式程度、表述效果等来确定其凭证依据作用大小。介绍信、证明等是日常生活中最为熟知的应用文凭证。合同、建筑施工日志、工程变更资料、技术交底文件资料等是建筑类文书中最为常见的凭证依据，也是我们建筑类专业中职学生应掌握的重要应用文。这些能够充当凭证依据的应用文，大多数有固定的格式内容、规范化的表达语言，我们可以从这些言简意赅的应用表达中，撷取关键核心信息，作为行事处理的依据。

单元小结

在本单元中，我们认识了应用文，了解了应用文是一种人们在生产生活中为了传递信息、处理事务、交流感情的有规范语言表达、功能明确的工具，有时还可作为凭证和依据。初步掌握了应用文的分类，应用文可以按用途分为指导性应用文、报告性应用文和计划性应用文；按性质分可分为公务文书和一般性应用文；按行业分为财经应用文、外贸应用文、建筑应用文等。应用文作为一种实用性很强的文章，其在传递信息、处理事务、沟通情感、凭证凭据方面功能作用也日益显现。

思考及练习

1. 什么是应用文？
2. 应用文的分类有哪些？
3. 应用文的功能是什么？

教学单元2
写作媒介与参考

Chapter 02

 教学目标

1. 知识目标

了解应用文的一般写作媒介，知晓行业标准和一般党政公文执行标准，掌握初步的运用能力。

2. 能力目标

具备运用电脑、手机等工具写作应用文，对于一些常用的文字、表格工具、专业制图工具等有基本的操作动手能力，完成一般应用文的写作等。

本单元主要为大家介绍应用文写作时用到的一些常用工具和参考标准等，限于篇幅关系，对于一些基本知识和常用软件、标准等，本书只做简单列举介绍，不作实操演练。

第2单元
导学

2.1 电脑操作

电脑操作

现今，我们已经飞速进入了信息化时代，应用文的写作不再是在一张稿纸上反复修改，最后可能涂鸦到自己都分不清的地步。电脑的普及为我们快速开展应用文写作提供了便利，也提供了更为长效的电子保存模式，同时也对我们提出了一定的电脑操作要求，如要懂得电脑的基本操作流程，会熟练运用输入法进行相关软件的操作，如 Word、Excel、WPS、PowerPoint 等，能运用网络进行公文流转审阅等。

计算机由硬件系统和软件系统组成，硬件系统包括运算器、控制器、存储器和输入输出设备及其他辅助设备；软件系统由系统软件和应用软件组成。对于计算机硬件系统的维护可以通过正确的基本的操作规程和计算机专业人才来实现，我们日常应着重于对软件系统的应用，如应加强对操作系统的熟悉和运用，能够运用多视窗技术、菜单技术和联机帮助技术来操作处理各种软件，同时要注意计算机病毒的防护，对编辑的文本能及时存储、编辑、传送等。

计算机网络为应用文的高速长久共享流转提供了可能。计算机网络就是将具有独立功能的计算机通过通信设备及传输媒体互联起来，在通信软件的支持下，实现计算机间资源共享、信息交换的系统。网络按覆盖的范围分为局域网、城域网、广域网等。部门内的应用文特别是公文流转一般通过局域网就可以实现。当然，在互联网上传递信息大家一定要注意信息安全，特别是一些技术性很强、有保密要求的文件资料，要通过专用的机要通道、拷盘传送等渠道来实现。

2.2 编辑工具

对于我们建筑类中职生讲，在写作应用文时，要着重掌握相应的编辑工具，如 Word、WPS、Excel、CAD、PowerPoint、Photoshop 等。

Word 和 WPS 可能是我们最为熟知的两种应用软件了，它们日益强大的组合功能基本能满足应用文的多重需要。对于 Word、WPS 里一些热键、功能菜单的熟悉应用应是我们重点掌握的内容。复制、粘贴、插入、排版等都可以合理应用，为应用文写作铺就腾飞之路。

Excel 软件的应用也越来越多，与 Word 相辅相成，弥补一些 Word 的不足。特别是在进行电子表格的制作编辑，如求和、排序、筛选、汇总、快速整合数据时更是有独特优势。

PowerPoint 软件制作幻灯片，其强大的播放演示文稿功能让人叹为观止。特别是在做工程项目演示、招标投标演讲时，精美完备的幻灯片能让人快速抓住关键信息、展现特色个性，获得认可，强化沟通效果。

CAD 和 Photoshop 是建筑类应用文中较为常用的工具，因为不少建筑类文书中的建筑结构图等需要借助专用的制图软件来实现，大家也要多花一些功夫去学习掌握。

2.3 OA 系统

应用文写作流转离不开 OA 系统的支撑，OA 品牌系统是多样的，目前主流的 OA 系统的主流技术已向 JAVA 技术路线迁移，原来的 Domino 与 .NET 已逐步淘汰。无论哪种技术路线，都在满足人们日益丰富的多元化需求，技术越来越人性化，应用文的格式、常用语可以被做成程序模板直接套用，大大提高了我们开展应用文写作的效率。手机等移动新媒体的开发利用，移动 OA 系统也接踵而来，随时随地开展应用文的写作，流转又上了一个新台阶。

2.4 移动媒体

移动媒体是所有具有移动便携特性的新兴媒体的总称，包括手机媒体、平板电脑、掌上电脑、psp、移动视听设备（如 MP3、MP4、MP5）等。随着手机操作系统和 CPU 的持续升级、Wi-Fi 无线的普及和手机宽带的持续扩容，通过手机、平板电脑实现随时随地的办公，已经成为可能。

2.5 党政公文标准

党政公文标准

　　目前，我国党政机关的公文标准执行的是 2012 年 6 月 29 日由国家质量监督检验检疫总局、国家标准化管理委员会发布的《党政机关公文格式》GB/T 9704—2012，该标准于 2012 年 7 月 1 日起正式实施。此标准是对国标《国家行政机关公文格式》GB/T 9704—1999 的修订，对公文用纸、印刷装订、格式要素、式样等作出了具体规定。特别是将党政机关公文用纸统一为国际标准 A4 型，首次统一了党政机关公文格式要素的编排规则，使党政机关公文的表现形式更加规范，提高党政机关公文的规范化、标准化水平。

单元小结

　　在本单元中，介绍了应用文写作中运用到的电脑、编辑工具、OA 系统、移动媒体及最新的党政公文标准等，这些本书只做简单列举介绍，详细深层内容不再赘述，有兴趣的同学可以找专业的书籍来进一步学习实践。

思考及练习

　　1. 我国目前党政机关的公文标准执行的是哪一个标准？是什么时间开始施行的？

　　2. 请谈一谈写好应用文要掌握哪些应用工具。

教学单元 **3**
写作方法与策略

Chapter 03

教学目标

1. 知识目标

了解应用文的写作方法，熟悉写作步骤，认识应用文写作中容易出现的一些问题。

2. 能力目标

按照一般写作方法与步骤，快速准确写出正确合规的应用文。

在本单元中，我们将为大家概括梳理应用文的一般写作方法与技巧，并对写作中常见的一般性问题作以提点，方便大家快速撰写一篇"精、准、达、雅"的应用文，避免一些一般性共性问题。

第3单元
导学

3.1 应用文写作方法

应用文写作方法

应用文的写作，要把握其基本要求，围绕其功能开展，做到"精、准、达、雅"。为此，我们在写作时要遵循：

（1）搜集整理。平时，我们要多关注与自己专业相关的文书资料，特别是官方网站公布出来的标准、文件、表格、示例等，都可作为应用文范文，并把他们分门别类的归档整理，以便及时快速参阅。对于一些常用的语句表达要加以识记，不断积累写作语料。

（2）研磨仿写。应用文作为一种规范化程度很高的工具，有不少模板是可以直接套用的，一般不需要标新立异的自创格式。特别是一些证明、信函、调研报告、招标投标文书、施工日志、建筑类表格单据等，往往都有固定的语句表达，只需根据个体情况代入填写即可，平时要多看规范表达，并进行仿写，以快速提高写作速度。

（3）推陈出新。固然应用文有一定的模板可以套用，但也不应一味地生搬硬套，而应在把握精髓的基础上，适当融入特色表述，给人以耳目一新的感觉，更易达到行文目的。这种特色表述还应基于行文的目的有技巧有策略的运用，即不出挑，又有鲜明特征，达到目标而又让人记忆犹新。

3.2 应用文写作步骤

展开应用文写作时，我们往往要按照一定的方法步骤来写，大致来说，有以下几步：

（1）确定写作目的。开始写作时，我们就要构想提炼好本次的写作目的，目标明确，方能有的放矢。写作目的不同，可选的材料、文种、传递方式等都会有所差异。比如，我们早上起床时因有事今天上不了学要临时向老师请假，这时我们一般会简化请假程序，往往采用编辑一条请假信息单独或者班级群内发给老师和考勤员，这种手机移动媒体的请假，往往也要按照请假条格式来写，同样要写清楚请假事由、请假时间等，方便老师审批和考勤员登记。有时可能打电话来请假，同样也要把请假的关键要素说清楚，只不过是用口头化语言表述，事后再补假条时就要按书面语言、请假条格式来完整表述。

（2）选定写作文种。当我们接收到事项、信息等需要成文时，就要根据写作目的选取最恰切的文种。比如在党政公文中，同一个事项我们通常要根据单位的隶属关系确定文种，如果是属于上下级的隶属关系我们就会用通知这个文种，而不属于同一系统或者是平级关系时要用函。即使是同一系统的上下级，个别事项是用请示还是报告，就要根据行文目的来确定，当双方对事实都比较清楚且主要意图是征求行文指向单位的批示意见时就可以用请示，而当行文的目标单位不清楚事件来龙去脉或者有必要阐释清楚时且行文单位觉得有必要把调研过程、产生问题或形成结论完整阐述时，往往采用报告形式。应用文的文种确定是一个目标靶向性问题，虽然看似简单但决不能疏忽大意，否则将会造成一偏千里的局面。我们只有不断的积累各文种的适用范围，才会明辨是非，提纲挈领，迅速展开应用文的后续写作。

（3）搭建框架结构。当我们明确了本次写作目的，确定好正确的文种后，就可以按照既定文种的格式要求先列出框架结构，也可以说是确定好大部分的内容怎么安排布局了，某些特定文种的格式化语言表达也可以直接拿来套用。这个框架构建的过程可以因人而异，可以根据平常自己或者单位积累的资料库来调用，当然也可以从网上查找选用，或者自己录入编辑。特别要提醒大家的是，在网上查找选用资料时，因为网络资源虽然丰富但也鱼目混珠，良莠不齐，最好找官方权威网站的，而且要多找几篇比较下异同，把格式框架套用对。如我们要找个通知模版，就可以上政府网站找模版，一般来讲，政府机关级别越高，格式语言就越规范。我们想找相关建筑行业标准，最好上相关政府主管部门网站查找规范正式文件政策等。

（4）润色语言表达。应用文虽然有相对固定的格式和语言表达，但并不是说这些就是一成不变、千人一面的，适当的个性化特色语言表达有时能带来令人记忆犹新的鲜活感。如前几年那个写出"世界那么大，我想去看看"辞职信的老师，以简洁不落俗套的表达引起网络广泛关注。投标书中，独居匠心的投标宣言和针对性表述，往往能取得评标专家和业主招标方的额外青睐，更易获得成功。当然，我们在写作作为凭证和依据作用的应用文时，不能一味地求新求异，总是试图打破常规、不落俗套，省略一些程式化表述或者尝试使用标新立异的语言，这样会适得其反，容易导致纠纷和误解，失去了应用文的写作意义。既要不落窠臼，又要遵循一般规则和要求，才能写出言辞达意、意蕴隽永的最恰切的应用文。

（5）交付定稿排版。定稿排版作为应用文的最后一步，往往没有受到应有的重视。在实际工作中，我们经常看到，有些同学提交的请假条、竞职演说稿中错字连篇，特别在手写稿中，不注意格式段落，标题不居中，称谓抬头不顶格，段落起始没有空两格，自己凭感觉随意定位置，没有另起一行署名落款日期等，这些虽然都是小问题，但都是不符合应用文的格式要求的，完全可以通过电脑文字处理软件避免大部分错误。专业的投标书制作，因其涉及经济利益巨大，可以借助专业的人员来排版制作，以呈现最完美的应用文状态。日常应用文中的党政公文，要按照规范标准进行排版出稿，不能随心所欲导致不必要的失误等。定稿排版作为应用文写作的最后也是最主要的一步，一定要充分重视，以期呈现形式内容俱佳的应用文。

3.3 应用文写作常见问题

应用文写作
常见问题

　　　　　客观来讲，应用文是比较好写的，只要掌握了一定的规律和基本表达，都能做出一篇切情达意的作品。但也不可否认，在看似简单的背后，受限于写作者的语文知识积累和专业水平高低，总是存在着或多或少、或大或小的问题，概况来讲，主要有以下一些问题：

（1）重复啰嗦。不论哪种写作，一般都比较忌讳语义啰嗦重复，当然作为修辞手法或者特殊表达效果的重复另当别论。在应用文的写作中，我们要特别注意言简意赅，避免不必要的重复。这就要求我们对近义词句的熟练甄别应用，应用文要达到的四个标准"精、准、达、雅"，具体来讲表述就要精炼、准确、通达、文雅。特别在建筑单据填写、施工日志填写中，用最简洁的语言准确的表述当前施工状态、需求、工程项目小结报告等，都是三言两语就可以实现的，不需要大展篇幅，重复表述。

（2）结构不全。缺胳膊少腿的应用文在学生们的日常写作中非常常见，就以大家常写的请假条来看，三四十字的内容，有时缺少标题、有时没有称谓，有时没有请假人、落款日期等。求职信中，不少同学不知道要写点什么，怎么介绍自己的一般情况，展现自己的优点特长，怎样礼貌优雅地推销自己，给别人留下良好的第一印象，胡子眉毛一把抓，丢东落西的，没有达到最佳的应用效果。

（3）一文多事。这种问题也可以说是立意不明确，没有掌握应用文的独特优势和要求。大多数应用文特别是党政公文、建筑类单据文书、日常便条、请假条等基本上是一文一事的，多项事务需要分别行文。实际生活中，不少人可能对应用文的要求不够清楚，总是夹杂私带，让阅读者分不清主次，摸不清意图，反而降低了办事速度。

（4）错字语病。"定金"与"订金""必须"与"必需""务必"与"勿必"等一些易混的词汇，不少人都分不清楚混淆使用。不少人在电脑打字输入时采用拼音打字输入法及联想功能，盲目相信电脑输出结果，不加分辨的运用，很容易出现用错用混用，双重否定、反问、搭配不当、词类用错、标点符号误用等问题。

单元小结

在本单元中，大家学习了应用文写作的一些基本方法，比如搜集整理、研磨仿写、推陈出新等，在注重积累与提高的过程中经常关注官方权威渠道公布的各类范文，按照写作步骤一步步写出"精、准、达、雅"的应用文来。

思考及练习

1. 谈谈应用文写作的一般步骤。

2. 应用文容易出现哪些问题？

基础模块：日常应用文

第 2 篇

教学单元4
日常应用文基础

Chapter 04

1. 知识目标

通过本单元的学习，从整体上理解日常应用文的基本概念及其作用，并了解日常应用文的分类情况；初步了解日常应用文的特点。

2. 能力目标

掌握日常应用文的写作要求，学会确立主题，安排结构，选择材料，为后面课程的学习打下良好的基础。

本单元主要介绍日常生活中我们经常用到的应用文的基本概念、分类及特点等，引导学生树立正确的应用文写作理念，为后续学习奠定基础。

第四单元
导学视频

4.1 日常应用文概述

　　应用文是人们在日常的工作、学习和生活中，办理公务、处理私事时所使用的一种实用性文体，由于其通俗易懂，实用性强，也有人把它称作实用文。

日常应用文的分类

　　应用文同人们的日常生活关系十分密切。由于社会的不断进步和科学文化的迅速发展，应用文的使用范围也越来越广泛。今天，无论国家机关、企事业单位或是个人，在传递信息、交流思想、介绍经验、联系工作和进行各种写作时均离不开应用文。应用文是一种用途最广而又最大众化的文体。

　　日常应用文是将应用文中最为常见，人们经常使用的应用文集中起来进行介绍。日常应用文的种类有很多，按不同性质分，一般可以分为以下三类：

　　（1）一般性应用文。这类应用文主要包括以下几种：书信、启事、会议记录、读书笔记、说明书等。

　　（2）公文性应用文。这是以党和国家机关、社会团体、企事业单位的名义发出的文件类应用文。如公告、通告、批复、指示、决定、命令、请示、函等。这类应用文往往庄重严肃，适用于特定的场合。

　　（3）事务性应用文。事务性应用文一般包括请柬、调查报告、规章制度及各种鉴定等，这是在处理日常事务时所使用的一种应用文。

　　根据各种日常应用文本身的特点，这里将日常应用文细分为以下几类：

　　（1）社交礼仪类

　　这一类适用于社交场合的应用文，它的存在是为了促进双方之间关系的发展，同时它又是人们文明交流的一种体现。人与人之间亲疏有别、长幼有序，礼仪就是在社会交往中把握好分寸，恰如其分地把握双方的关系。礼仪类应用文是人们在互相平等、互相尊重的基础上形成的一种日常应用文。

　　礼仪类日常应用文主要包括以下一些常用的文体：请柬、欢迎词、祝辞、欢送词、邀请信、题词、慰问信、表扬信、感谢信、贺信、贺电、赠言等。

（2）海报启事类

海报启事类日常应用文是指那些可以公开张贴在公共场合或通过媒介公开播放、刊登的广而告之的一类事务性应用文。这类应用文使用广泛，公开场合随处可见。

海报启事类日常应用文一般包括征稿启事、征婚启事、征订启事、寻人启事、寻物启事、招聘启事、招生启事等一些应用文样式。

（3）便条契据类

便条契据类日常应用文是由当事人双方在事务交流中出具给对方的作为凭证或说明某些问题的一种常见应用文。这类应用文短小精悍，可随时使用。

便条契据类应用文一般可分为以下几种：借据、欠条、收条、领条、请假条、留言条等。随着各种正规票据的推广和使用，这类应用文形式将会逐渐减少，但其作用无可替代。

（4）家书情书类

在人们的各种交往中，人们之间的书信往来应该是最频繁的交流方式。从古至今，无论朋友之间的互致问候、表达关心，或者情人之间互致相思、表达爱慕均使用书信这种形式。伟人名仕的家书、情书也往往给后人许多启迪和帮助。这类书信为我们留下了丰富的文化遗产，有些甚至堪称文学作品的典范。

（5）专用书信类

专用书信类日常应用文是具有书信的格式，发文的对象或者使用的目的又是特定的一类应用文。一般来讲，这类书信可以分许多种，如介绍信、证明信、推荐信、聘书、履历、说明书、保证书、倡议书、建议书等。

（6）对联类

对联是人们在婚丧嫁娶、宴飨寿诞、季节变换时使用的一种具有较浓文化传统气息的应用文样式。它有较为严格的行文要求，要求对称工整。

对联类应用文包括节令联、祝寿联、婚联、喜联、挽联、名胜联等。

（7）讣告悼词类

讣告悼词类应用文是以致悼死者为主的一类日常应用文。其中有些文体只适用于特殊的人物特定的场合，有些则广泛地应用于民间。一般来讲，这类应用文可以包括讣告、唁电、治丧名单、悼词、碑文等六种。

4.2　日常应用文特点

为了更具体地说明日常应用文的特点，我们将其具体 日常应用文的特点
化为以下四点予以说明。

1. 有特定的行文对象和行文目的

文学作品的对象往往模糊不清，作家在写作时确立的
读者对象是泛泛的，并没特定的读者。而日常应用文则不同，它的对象是十分
明确的，写给谁看的，行文者一清二楚。一般的书信类自不必说，就是海报启
事也是以其特定的读者为写作对象的。就写作目的而言，日常应用文就某一个
事件为其主要内容，发文所希望达到的结果也是明确的。因此日常应用文写给
谁、写些什么、达到怎样的效果，事先是已知的。

2. 有较为固定的写作格式

写作格式的固定是应用文的显著特点。它是历史留传、人们习以为常、
约定俗成的，任何人不可随意违反它的固定格式，否则就是不伦不类，达不
到应用文的写作目的。当然随着社会的发展和进步，一些陈旧的约束人们
的精神甚至是反映封建尊卑压迫关系的繁文缛节，我们要敢于突破，敢于
创新。

3. 有较强的时效性

日常应用文总是针对工作学习或生活中所出现的具体事情而写的。往往是
问题已摆在眼前或即将发生，必须想办法处理或解决时才使用的。如开会要先
写通知，请假要先写请假条，入党入团要先写申请书等。强调及时性是日常应
用文的基本特征。

4. 语言要朴实、简明、准确、严谨

日常应用文不是文学作品，语言一般要求朴实、简明、准确。说明清楚
而不书面化；表达准确让人一看就懂，不拖泥带水，要条理清晰。一般日常
应用文无需修饰，少用形容词或描述性的语言，更不可用比喻、夸张等修辞
手法。

4.3 日常应用文写作要点

在学习如何完成一篇高质量的日常应用文前，我们非常有必要来分析下日常应用文的结构、格式和语言特点，以把握其写作要点。

1. 日常应用文的结构

应用文的结构要求完整严密，层次清楚，简单明了。一般来说，日常应用文的结构由三部分构成：标题、正文、结尾。

2. 日常应用文的格式

应用文都有约定俗成的惯用格式，有了固定格式，不仅眉目清楚，而且行文规矩，为读写应用文、处理问题提供了很多方便。同时，部分应用文的格式有直接生效的指导作用或法律约束。因此，写应用文必须遵从各种应用文惯用格式。日常应用文的一般格式为：

（1）称谓

称谓要求顶格书写，后加冒号，有时还可以加上一定的限定、修饰词，如亲爱的等。问候语不能与称谓同一行。

有些日常应用文不必开头写称谓，如：启事、总结、会议记录。有些标题中已经明确通知对象的，也可以不加称谓，如：通知。

（2）正文

正文是日常应用文的主体，可以分为若干段来书写。每段空两格开始写。

有些日常应用文在正文前有问候语，如："你好""近来身体是否安康"等。问候语一般独立成段，不可直接接正文。

（3）祝颂语

祝颂语也叫致敬语，日常应用文中使用祝颂语较少，一般只有条据、书信中使用，并且不与其他内容在同一行。

以最一般的"此致""敬礼"为例。"此致"可以有两种正确的位置来进行书写，一是紧接着主体正文之后，不另起段，不加标点；二是在正文之下另起一行空两格书写。"敬礼"写在"此致"的下一行，顶格书写。后应该加上一个惊叹号，以表示祝颂的诚意和强度。

称呼和祝颂语后半部分的顶格，是对收信人的一种尊重。是古代书信"抬头"传统的延续。古人书信为竖写，行文涉及对方收信人姓名或称呼，为了表示尊重，不论书写到何处，都要把对方的姓名或称呼提到下一行的顶头书写。它的基本做法被现代书信所吸收。

（4）署名和日期

署名和日期写在日常应用文结尾的右下角，署名在上，日期在署名正下方。

署名可以是个人名称也可是经手人、代办人签字或者单位名称。写日期时，汉字和阿拉伯数字使用要一致，不能混用。

如需加盖公章，公章位置应加盖在署名和日期上。

3. 日常应用文的语言

应用文的语言重在实用，一个字一句话往往至关重要。日常应用文的语言一般要求简洁、平实、得体。

（1）简洁。应用文语言要做到言简意赅，尽量不说空话废话，将可有可无的字词句删去。

（2）平实。即准确朴素，它只要求平直的叙述，恰当的议论，简洁的说明，准确通顺的把客观事实、作者观点说清楚就可以。既不能夸张渲染，也不需要修饰抒情。

（3）得体。应用文的语言是为特定的需要服务的，要受明确的写作目的、专门的读者对象、一定的实用场合等条件的制约，因此语言一定要使用得体。

单元小结

本单元从日常应用文的概述、特点和写作要求三个方面对日常应用文的基础知识进行了概述，为后面课程的学习打下良好的基础。

思考及练习 🔍

1. 日常应用文主要可以分为哪几类？

2. 日常应用文的特点主要有哪些方面？

3. 日常应用文主要结构包括哪些方面？

教学单元5

Chapter 05

写作实操

教学目标

1. 知识目标

通过本单元的学习，从整体上了解几种主要常用的日常应用文的概念和特点。

2. 能力目标

掌握日常应用文的写作要求，学会正确的书写和应用，能独立完成特定情境下的日常应用文写作。

本单元主要介绍各类日常应用文的写作，以理论概念和案例文本相结合，建议在学习掌握基本知识概念后，多练多仿写，把握其格式和语言特点，能活学活用。

第五单元
导学视频

应用文是人类在长期的社会实践活动中形成的一种文体，是人们传递信息、处理事务、交流感情的工具，有的应用文还用来作为凭证和依据。随着社会的发展，人们在工作和生活中的交往越来越频繁，事情也越来越复杂，因此应用文的功能也就越来越多了，并形成了惯用格式。

常见的日常应用文有请假条、借条、通知、启事、计划、总结、会议记录等。

5.1 条据

条据是人们在日常工作、学习、生活中，彼此之间为处理财物或事务往来，写给对方的作为某种凭证的或有所说明的字条。

条据类应用文按不同的划分标准，可以分为很多种，主要有两大类，即说明式条据：便条（如请假条、留言条、托事条）和凭证式条据：单据（如借条、欠条、收条、领条）。

1. 便条

便条的
格式

便条是日常生活中，我们有什么事情要告诉另一方，或委托他人办什么事，在不面谈的情况下书写的一种条据，是一种简单的书信。便条大多是临时性的询问、留言、通知、要求、请示等，内容简单，往往只用一两句话。

便条都不邮寄，一般不用信封，多系托人转交或临时放置在特定的位置，有的时候甚至写在公共场所的留言板或留言簿上。

便条一般由称谓、正文、署名和日期四部分构成，格式与一般书信相同。便条主要包括请假条、留言条、托事条，其中只有请假条要写标题。

（1）请假条

请假条是指因故需要请假而写给有关当事人的一种便条。

请假条一般包括标题、称谓、正文、署名和日期。其中，标题在第一行居中书写。另起一行，顶格书写称谓。称谓一般包括敬语、姓名、称呼，如"尊敬的张经理"。称谓一般情况下可以简写，如"杨科长"。正文在称谓下另起一行空两格书写，要简明扼要。内容应包括请假人、请假原因、请假时限、恳请语。请假的原因，一般分为病假、事假两种。病假可能需要附上医生证明；事假的请假原因必须实事求是，充分并符合有关的规章制度。请假期限要明确。恳请语的标准写法是"请予批准""恳请批准"等形式。正文完成后，右下角写署名、日期。署名在上，日期在下。署名必须写全称，不可简写。日期可根据请假条重要程度，适当简写，但数字大小写要统一。

正文之后，可以用致敬语，如"此致敬礼"，格式要求见 4.3。

【例 5-1】

请 假 条

宋老师：

我因昨晚感冒发烧，今天体温仍达 39℃，不能上课，特此请假一天，请老师准假。

此致

敬礼！

学生：王瑶

2020 年 1 月 3 日

附：医院诊断书一份。

【点评】这是一张病假条，写明了请假原因、时间，并附有医院证明，符合请假条的要求和书写格式。

【例 5-2】

请 假 条

张经理：

本人 4 月 12 日—15 日要参加省建筑行业技能培训，特此请假，请予批准。

办公室　张刚

4 月 10 日

【点评】这是一张因公培训而写的事假条，内容简短，是为了履行请假手续而写，但是请假原因、时间仍然明确具体。

（2）留言条

留言条，是在没有见到对方时有话或事情要交代对方的情况下写的条据。要交代清楚自己的意图和要求，语言要准确、简洁。可以根据不同情况变换称呼和语气。

留言条的格式与请假条大致相同，只是没有标题。

留言条无密可保，要放在醒目的位置，以让对方看到为目的。

【例5-3】

四海公司罗先生：

由于您火车晚点，公司有急事需我处理，没有等到您。请您抵沪后，明天上午9点到南京路××号××酒店503房间找我。

顺丰公司：××

20××年×月×日××点

【点评】这张留言条写明了留言原因，另约定了见面时间，符合留言条的要求。

【例5-4】

小峰：

你好，大学毕业后一直未见面。今出差到西安，特来府上拜访，不遇，甚感遗憾。我要赶今晚七时的火车返程，故不能再等你了，留下名片一张，有空与我联系吧，带来土特产一袋，请笑纳。

××

20××年×月×日

【点评】这张留言条写明了来意，内容详尽，包含感情。

（3）托事条

托事条，即委托他人帮忙办理某事时写的条据。由于托事条的目的往往是有求于人，因此在撰写时务必要委婉、礼貌，致谢语必不可少。托事条虽无需标题，但仍应详实说明所托之人、所托之事、具体要求及本人身份等。托事条往往由他人代为转交。

【例 5-5】

市委办公厅行政处：

　　你们需要的现代办公用品已运到，特托人带来信条告知，请在明天上午 8 时来我公司一门市部购买。

　　此致

敬礼！

××市现代办公用品公司

×月×日

由于现代通信技术的飞速发展，托事条往往已经被电话、短信、微信等联络方式所取代，但礼貌得体的语言、恰当的格式还是十分必要的。

[便条练习]

（1）选择题

1）从便条的概念上理解，它是一种最简便的（　　）。

A. 请示　　　　　　B. 报告　　　　　　C. 书信　　　　　　D. 单据

2）书写任何一种便条必须包括的要素中没有（　　）。

A. 正文　　　　　　B. 标题　　　　　　C. 称谓　　　　　　D. 落款

3）下面一则便条，属于哪一类（　　）。

张主任：

　　因孩子生病，需我在家照料，故下周请假一周（4 月 6 日—4 月 10 日），请您批准。

　　此致

敬礼！

销售部 李清

2018 年 4 月 3 日

A. 托人办事条　　　B. 留言条　　　C. 邀请约会条　　　D. 请假条

4）下列这则留言条语言表达不妥的一句是：（　　　）

王林：

　　自从中专毕业以后，一直没有见到你①，今天正好有空去你们单位附近办公，就想趁机去看看你②，没想到运气不好③，你已经不在了④，现留下我的联系方式，你见条后就跟我联系吧！

　　手机号码：1336782××××

张小刚

2008 年 7 月 6 日

A. 第①句　　　　B. 第②句　　　　C. 第③句　　　　D. 第④句

5）托人办事条写作要包含的要素包括（多选）：（　　　）

A. 委托谁　　　B. 办何事　　　C. 敬语　　　D. 署名

E. 日期

（2）判断题

1）便条的特点是语言讲究语言艺术，用词考究，言辞有套路。（　　　）

2）如果是托人办事条中涉及财物和金额数量一般都用大写。（　　　）

3）写托人办事条得讲究礼貌，致谢语必不可少。（　　　）

4）"请假条"相当于公文中的"请示"，但比请示简便、灵活，格式可以不固定，也可以固定。（　　　）

5）留言条的语言要求是越简单越好，文字不要过多。（　　　）

（3）改错题

请找出下面这则请假条有几处错误，并予以改正。

李老师：

　　接到学校艺术团紧急通知，我们明天要参加市上的临时演出，今天下午要训练，特请假，望你务必准假。

　　此致

　　敬礼

小王

（4）写作练习

根据下面材料中提供的情境，按照写作便条的要求，各写一张格式规范、措辞得体、内容完整的便条：

1）情境一

小张是南方地产公司员工，接受公司委派参加重庆天成培训中心为期两周的业务培训，在他参加培训期间的 4 月 5 日晚，公司要举行员工大会，并要求任何人不得缺席，由于小张 4 月 5 日晚不能参加培训，因此向培训中心请假。

2）情境二

一日，××房产公司总经理萧刚前往市土地管理局拜访赵局长，不巧赵局长不在，萧刚给赵局长写了张留言条。

2. 单据

单据是人们在处理财务、物资或事务来往时，写给对方作为凭据或有所说明的字据，属于凭证性条据。除了财务专用单据外，日常生活中的单据主要有借条、收条、欠条等。

单据的要点

单据一般包括标题、正文、署名、日期四部分。

（1）借条

借条是指借用单位或个人钱财、物品时，作为将来偿还的凭证，借用人写给对方的一种字据。

借条的标题一般为"借条"，正文居中书写。另起一行，空两格书写正文，正文一般以"今借到"开头，要标明所借财物的种类、数量、归还日期、原因和用途等。正文中间不能留空，涉及钱和物品的数量，也不要断行。如所涉财物数额较大，一般需要用汉字大写，具体写法是"币种＋汉字大写＋币种单位＋（小写＋币种单位）"，然后写上"整"字，以示到此为止。如果双方商定需付利息，要在借条中写明。所借物件要写明详细清单，数字也必须是大写，后面写上计量单位名称（如件、台、架等）。如果是贵重物品，物品损毁程度和损坏后的赔偿方法也要注明。正文后面或另一行空两格写"此据"二字，以防添加或篡改。借条一般不允许修改，如需修改，要在修改处按手印或加盖公章。正文右下方写署名、日期。借条属于凭证性条据，署名必须本人亲笔手写，打印无效。

所借财物一旦偿还，立即将借条收回或销毁。

汉字大写数字：零、壹、贰、叁、肆、伍、陆、柒、捌、玖、拾、佰、仟、万。

【例5-6】

借　条

今从财务科借到人民币伍仟元（5000元）整，系到北京参加国家课题研究会的差旅费预借款，回来后按实际报销，多退少补。此据。

借款人：××
2020年×月××日

【点评】这则借条写明了借款数额、借款原因、归还日期，符合借条写作要求。

【例5-7】

借　条

今借到校学生会音响设备壹套（包括主机、功放机各壹台，音箱肆个），设备完好。该音响用于新老生联谊会。九月二十日前送还。

此据。

电子系：××
20××年×月××日

【点评】这则借条写明了所借物品的种类、数量，借款原因，归还日期，符合借条写作要求。

（2）收条

收条是收到财物的个人或单位写给发送财物的个人或单位的一种凭据，也称收据。写法基本与借条相同。写收条时要注意点清收到东西的种类、数量，做到准确无误，不出差错。

标题写明文种，即收条。正文另起一行空两格书写，一般以"今收到"起笔。需要写清所收财物的来源、种类、数量、设备情况即是否受损等情况。在正文后面或另起一行写"此据"二字。

【例 5-8】

收　条

今收到××同学归还音响设备壹套（包括主机、功放机各壹套，音箱肆个），经检查机件完好。原借条作废。此据。

收件人：×× （盖章）
20××年×月××日

【点评】这则收条写清楚了收到物品的种类数量，经手人姓名，便于公物的管理。

【例 5-9】

收　条

今收到××同学人民币伍仟元（5000 元）整，系 2004—2005 学年的学杂费。此据。

收款人：×× （盖章）
20××年×月××日

【点评】这则收条写清楚了所收钱财金额、缘由，金额运用了汉字大写，符合条据的要求。

（3）领条

领条是领取钱物的单位或个人在领到钱物后，写给发放物品的个人或单位的条据。

领条的格式同收条，不予复述。正文写清所领财物的来源、种类、数量等情况。

【例 5-10】

领　条

今从董事长办公室后勤处领到《公司管理守则》壹佰本。

此据。

河北扬帆人资部：××
20××年××月××日

【**点评**】这则领条写清了所领物品的来源、名称、数量，发物人可凭此条存账。

（4）欠条

欠条是个人或单位在欠款、欠物时写给有关单位或个人的凭证性的条据，也就是人们俗称的"白条"。格式基本与收条、领条、借条相同。但实际使用过程中人们容易与借条混淆，它们的区别在于：

1）借条证明借款关系，欠条证明欠款关系。借款肯定是欠款，但欠款则不一定是借款。如借了他人或单位的钱物到时不能归还，或不能全部归还，有部分的拖欠，此时就需写张欠条。

2）借条形成的原因是特定的借款事实。欠条形成的原因很多，可以基于多种事实而产生，如因在购买物品或收购产品时，因不能支付或不能全部支付他人的款项而产生的欠款要写张欠条。其他类似的还有因劳务产生的欠款，因企业承包产生的欠款，因损害赔偿产生的欠款，等等。

3）借了个人或单位的钱物，事后补写的凭证，即欠条。

【**例 5-11**】

欠　条

原借李尚人民币伍佰元整（￥500），现已归还贰佰元（￥200），尚欠叁佰元整（￥300），特此留据。

王文
20××年×月××日

【**点评**】这是一则借人物品无法按时全额归还时所写的欠条，内容上金额运用了汉字大写，写得非常清楚，避免了以后可能的纠纷。需要注意的是，原借条一定收回销毁。

【**例 5-12**】

欠　条

我公司买到王家村吴某控沙船一艘，总价款人民币伍万元整，已付叁万元，尚欠贰万元。于今年十月十日前付清。每拖延一天，加付欠款额的 0.1%。

经手人：刘 月（盖章）

2019 年 4 月 7 日

【点评】这是一则因买卖关系产生欠款而写的欠条。欠条中写明了欠款数额、归还日期及逾期产生的利息，并加盖单位公章，证明非个人行为，避免了以后可能产生的不必要的纠纷。

【例 5-13】

欠　条

今年三月份借到王世松人民币捌拾元整，今补欠条，作为凭证。

柳永

2019 年 4 月 3 日

【点评】这是一则因借款时未写借条而补写的欠条。

5.2　通知

通知是知照性公文，适用于传达上级机关的指示，要求下级机关周知、办理或执行某事项，批转下级机关的公文或转发上级机关和不相隶属机关的公文。

通知是公文中使用频率最高、适用范围最广的一个文种，是上级向下级传达、告知事项的一种下行文。

通知的特点主要有：

（1）功能的知照性。通知的主要功能在于知照有关机关单位。

（2）应用的广泛性。通知是公文中适用范围最广、使用频率最高的文种。大到国家级的党政机关，小到基层的企事业单位，都可以发布通知。

（3）较强的时效性。通知是一种制发比较快捷、运用比较灵活的公文文种，它所办理的事项都有比较明确的时间限制，不得拖延。

（4）职能的多样性。通知的职能最多，够不上发"决定""命令"等的事项可由通知承担。

通知同时还具有行文简便、写法灵活、种类多样的特点。

根据适用范围的不同，通知一般可以分为指示性通知、发布性通知、事务性通知、会议通知等。

指示性通知是向所属下级布置工作，阐明工作原则和方法，或传达上级的决定和指示，布置需要执行或办理的工作事项的通知，如：《国务院关于进一步精简会议和文件的通知》。

发布性通知包括颁发、批转、转发通知，它们之间有一定区别。

颁布本单位职责事务的通知为颁发通知，如：《国务院关于发布〈国家行政机关公文处理办法〉的通知》。

对下级单位呈递事务进行批复的为批转通知，如：《国务院批转财政部、国家计委关于进一步加强建筑行业市场贷款管理若干意见的通知》。

对来自上级或不相隶属单位的文件进行转发的为转发通知，如：《关于转发〈市城建局关于开展主题党课活动的通知〉的通知》。

除重要的法律性文件用命令颁布之外，多数法规和规章性文件，都适用于通知发布，如条例、规定、办法、细则、实施方案等。

事务性通知一般为上级要求下级办理的事项，或需要告知其他单位的事项。要求下级单位报送有关材料、机构人事调整、机构名称变更、迁移办公地址、安排假期等都属于事务性通知。如：《河北某房地产公司关于作好五一长假期间值班值宿的通知》。

任免通知属于事务性通知，是上级机关对下级机关、群众告知有关用人事项的通知。其目的是使下级机关和群众了解做出任免、聘用决定的机关、职位、相关依据，以及任免、聘用人员的基本信息和具体职务，使任免信息进一步公开化、透明化。如：《河北某房地产公司关于人事任命及岗位调整的通知》。

会议通知用于各单位在召开会议前，告知与会者开会的时间、地点、携带的材料等。如：《河北某房地产公司关于召开先进个人表彰大会的通知》。

通知一般由标题、主送机关、正文、落款和日期组成。

1. 标题：标题正文居中书写，一般由发文机关、事由及文种三部分组成。如：《商务部关于召开"WTO多哈议程法律问题国际研讨会"的通知》。也可省略发文机关，直接写事由和文种，如：《关于召开新闻发布会的通知》《会议通知》。如果发文级别不高，内容简短，也可直接用《通知》二字。

2. 主送机关：指通知的对象，在标题下一行顶格书写，一般应写全称或规范化简称、统称。主送机关较多时注意排列的规范性。同级机关用"、"，不同级别、类别的机关用"，"分开。如果一行写不下，需要换行仍然顶格书写。如："各省、自治区、直辖市人民政府，国务院各部委、各直属机构"。

3. 正文：另起一行空两格书写，一般包括通知的缘由、依据和目的、通知具体事项内容、通知结语。文字要简洁、具体、明确。

通知结语一般写明"特此通知"，也可不写。发布指示、安排工作的通知，可以在结尾处提出贯彻执行的有关要求。结尾一般不使用敬语。

4. 落款和日期：在公文右下方写明发文单位以及时间，并加盖公章。

【例 5-14】

主题党日活动的通知

全区各党组织：

根据区委组织《关于开展全员学习一线抓落实主题党日活动的通知》（［2018］-56）文件精神，现将 2018 年 5 月主题党日活动通知如下：

一、活动主题　全员学习，一线抓落实。

二、活动时间　5 月 15 日。

三、活动对象　各支部党员、预备党员、发展对象、入党积极分子全员参与。

四、活动内容

1. 集中缴纳党费。每月 20 日前向全体党员公开党费缴纳情况，接受党员监督。

2. 集中学习强本领。学习习近平新时代中国特色社会主义思想和党的十九大精神，学习习近平新时代中国特色社会主义思想 3 篇，全面掌握十个指明的核心要义和精神实质。

3. 深入讨论明思路。围绕××6问、××8问、××11问根据工作实际开展讨论，理清工作思路、增添工作举措。

4. 先进典型集体评。组织党员开展为民好书记、身边好党员、党建好故事评选活动。把身边的好书记、好党员、好故事推选出来，并组织开展先进典型的表扬学习，营造创先争优的浓厚氛围。

每个党支部要形成1则为民好书记的事迹文章；1则身边好党员的事迹文章；1个党建好故事文章。

五、活动要求

1. 活动中，党员要佩戴党徽，着共产党员文化衫。

2. 拟定好活动计划或方案。

3. 做好活动记录和相关资料的收集。

4. 大力宣传，积极营造主题党日活动的良好氛围。

5. 各支部要认真总结主题党日活动的好经验、好做法和典型案例，于5月16日下班前将图文信息报教科局党委办。

（信息可通过××区教科局党委办QQ上传）

联系人：××　　　　电话：××　　　　QQ：××

中共××区教育科学技术局委员会

2018年4月30日

【点评】这是一则事务性通知，由标题、称呼、正文、落款几部分组成，格式正确。标题用了事由＋文种的样式，正文中对活动主题、时间、对象、内容、要求等内容详尽具体，使参与者一目了然。

【例5-15】

工业和信息部规划司

关于电信业务改革会议的通知

各电信运营企业，各相关单位：

为进一步提高通信行业管理工作的透明度和公开性，广泛宣传××年工业和信息部在电信发展和监管方面的工作思路与措施，帮助业内外各单位全面准确地把握电信行业发展与政策信息，推动产业合作，促进我国电信业持续、稳步发展，我部决定召开××年中国电信业发展与政策通报会。现将有关事项通知如下：

1. 会议内容

全面总结××年我国电信业发展、改革的基本情况与经验，介绍××年电信发展、改革和监管工作的思路与措施。届时，工信部政法司、科技司、规划司、信管局、财务司、无管局等司局的领导将分专题介绍各相关领域的工作情况；同时，各主要运营企业负责人将分别介绍本企业××年发展状况及××年发展思路。

2. 参会人员

邀请部内各有关司局代表、各有关部门代表、各省（自治区、直辖市）通信司代表（各司1人）、各运营企业代表（各企业总部5人，分公司不限）和业界专家参会，请各单位在3月14日前将与会人员名单传真给会务组。

欢迎各设备制造商，咨询、投资机构及产业有关单位向会务组报名参会。

3. 会议时间与地点

会议定于3月21日在北京××饭店举行，会期一天。

为做好会议的宣传与组织工作，特请人民邮电报社承担此次会议的会务工作。

特此通知。

工业和信息部综合规划司

××××年1月21日

【点评】这一则会议通知。标题运用了发文机关、事由和文种三部分的形式。正文简要说明了会议内容、参与人员、时间地点，使参加会议人员能够提前做好准备。

[通知练习]

（1）指出下面一则通知的问题，并予以改正。

全校师生

经研究，定于9月12日下午5时召开开学典礼，希大家按时参加。

9月10日

校办室

错误：＿＿＿＿＿＿＿＿＿＿＿＿＿＿＿＿。

（2）下面通知的格式有错误，请找出，并写一份规范的通知。

各部门：

经研究，现把创建卫生标兵单位的工作布置如下：

1）每星期一下午举行全体卫生大扫除，彻底清洁单位卫生。

2）各部门设定专门负责人，定期在卫生责任区喷洒消毒。

3）各部门办公室实现卫生值日常态化，确保本部门卫生情况。

希望各部门高度重视，认真完成卫生清扫工作，为创建卫生标兵单位作贡献。

20××年××月××日　　　××城投公司

（3）某学校团总支要召开全体共青团员大会，布置"五四"青年节庆祝活动工作，请拟写一则会议通知。

5.3 启事

启事是机关、团体、单位、个人有事情需要向公众说明，或者请求有关单位，广大群众帮助时所写的一种说明事项的使用文体。经常登载于报刊，或在公共场所张贴，或在电视台、电台播放。

启事的内容是需要让公众知道或者希望大家协助办理的事情，公开性和单一性是其显著特点。通常是一事一启，但由于当前启事的大量运用，也出现了一启两事或相关多事的用法。

启事要求文字简明扼要，给人一目了然的感觉。启事不具备强制性和约束性，读者、观众和听众是启事的对象，他们可以参与启事中所要求的事，也可不参与。由于其篇幅短小精悍，运用方便灵活，随着社会经济的发展，使用频率越来越高，已成为经济生活不可或缺的常用文书。

启事的适用范围很广，涉及社会生活的许多方面，因而形成了多种多样的种类。按发文名义可分为单位启事、个人启事和联合启事；按缓急程度可分为常规启事和紧急启事；按内容可分为一般启事和寻物、寻人、征婚、征文、征订、征集图案设计、招工、招生、招聘、更名、更正、迁址、开业、挂失、招领、认领等专项启事。

"启事"和"启示"有什么区别呢？"启事"，是为了公开声明某事而登在报刊上或墙上的文字，这里的"启"是"说明"的意思，"事"就是指被说明的事情；而"启示"的"启"，则是"开导"的意思，"示"是把事物摆出来或指出来让人知道，"启示"是指启发指示，开导思考，使人有所领悟。可见"启事"和"启示"的含义截然不同，二者不能通用。无论是"征文启事"，还是"招聘启事"，都只能用"事"字，而不能用"示"字。

类型不同的启事，写法各有不同，但文体结构大体相同。一般由三部分组成：

一是名称。如内容是少见、特殊事项，就直接用文种名称"启事"，首行正中书写即可；如内容属于常见的专门事项，则冠以"征文启事""寻物启事"等专称；有时为了醒目，还可加上单位名称或事由，如"××公司开业启事""《可爱的家园》征文启事"等。

二是内容。即要向大家说明或提请大家留意的事情，应包括目的、意义、内容、形式、方法、要求等项目，要做到周全完整，语言要具体明确、中肯礼貌。如果内容多，需分条开列清楚。

三是落款和日期。在正文右下方分两行书写。由于有些启事已在内容中写明有关日期，那就不需另行标注。目前常见的启事样式，为醒目，常用黑体字标注联系地址、联系人以及电话号码等。

下面结合示例将常用的 12 种启事分别介绍如下：

（1）紧急启事。用于表示发生紧急变更事项，将延期、迁址、退票等事项迅速通知出去，避免出现不必要的混乱现象。紧急启事除刊登在当地报纸或在电视播出外，还应张贴在相关的剧场或会场门口。也有的紧急启事，表示一些急需读者知晓和协助的事项。

【例 5-16】

《名家书画精品展》

紧急启事

因另有任务安排，8 月 24 日停展一天，凡购买 8 月 24 日入场券的观众，可于 25 日至 29 日间前来参观。希见谅。

《精品展》事务委员会

2019 年 8 月 22 日

【例 5-17】

《十杰见义勇为勇士大型报告会》
紧急启事

原定于 6 月 25 日下午 2 时 30 分在市府礼堂举行的《十杰见义勇为勇士大型报告会》，因又有许多单位要求参加，故改于湖滨会堂举行，原定时间不变。敬请转告周知。

报告会事务委员会

2019 年 6 月 23 日

【点评】这两则紧急启事都是因故发生紧急变更事项而写的，例 1 为时间变动，例 2 则为地点变更。因时间紧迫，启事皆为紧急启事。

（2）寻人启事。用于寻找走失者或失散家人的启事。在启事中要写清楚被寻找的人的基本情况以及长相、身材、衣着、口音等显著特点，还要写明告启者的联系地址及方法。寻人启事的写法有繁有简，应视具体情况确定。在张贴或登报时，还可配发走失者近期照片，位置在左上角或右上角。

【例 5-18】

寻人启事

钟招娣，女，83 岁，本月 8 日上午 8：30 离家失踪。离家时上身穿蓝底白花衬衣，下身穿黑色薄裤，脚上穿蓝色拖鞋。老人有老年痴呆，不爱理人。有知其下落者，请电联：1896×××××××，与其女儿陈爱莲联系。重酬。

2018 年 6 月 9 日

【点评】寻人启事一定要写清楚在何时、何地走失，并详细描述走失者相貌特征。最后写上寻人者的姓名、电话等，以便联系。寻人启事为了增加效果，最好写上酬谢方面的内容。

（3）寻物启事。用于寻找丢失物品的启事。如果丢失大宗或贵重物品，启事可刊登在当地报纸上，扩大传告面；如果遗失的是小件或一般物品，如钥匙、书籍、衣服等，寻物启事则可张贴在失物地点和人员聚集点，力求使一定范围的人们协助查找。

在启事中，失物名称及形状、质地、色彩、型号、数量等特征，应写得详细具体；失主的单位、姓名、电话、地址、邮政编码等项，也要写明，以便联系；最后要表达感谢之意。

【例 5-19】

寻物启事

本公司雇员昨日乘坐迅捷公司出租车由火车站至大南门，不慎在车上遗失皮包一只，内有营业执照副本、产品专利书及设计图纸若干，如有拾到者，请即送××街××号×××公司，或拨电话××××××××通知，当致薄酬人民币×××元。

×××公司经理×××敬启

××××年×月×日

【点评】 寻物启事与寻人启事一样，一定写清楚在何时、何地丢失何物，最后写明丢失物品的特征。最后写上联系方式以及酬谢等内容。

（4）更名启事。用于变更机构名称的启事。在正文中，批准和核准登记部门、变更事由、原有名称、变更的新名称、变更时间、启用印鉴等，是主要交代的事项；变更名称后，组织机构、隶属关系、业务范围、法律责任、债权债务等相关问题，如有必要，也应加以说明。启事内容表述可繁可简，写作者应视篇幅和需要，对上述内容可全部或择要写出。

【例 5-20】

更名启事

经上级批准，从 3 月 1 日起，我单位的名称由原××省石油总公司××公司加油管理站更名为××省石油总公司××零售公司，同时启用新印章。更名后其隶属关系和业务经营范围不变。

××省石油总公司××零售公司

××××年×月×日

（5）招聘启事。用于公开招收、聘用人才的启事。招聘启事的招收对象应是较高层次的科研、管理等专业技术人员。招聘启事与招工启事的不同之处就在于招收对象的层次差异，这一点写作时应予把握。

在正文中，招聘对象和条件，要写清楚；报名手续、时间、地点，要交代明白；联系事项，要用黑体字标出。

这种启事的篇幅有繁有简，有的小如橡皮形状，寥寥数语；有的大至通栏，气势宏大。一则精美的招聘启事，既表现了聘用者不俗的经营方式，又会成为值得玩味欣赏的艺术品。制作者应该巧运构思，创意表达，着力体现文字以外的东西。

【例5-21】

××药业有限公司招聘启事

××药业有限公司是一家大型中外合资企业，经领导批准，现在××市人才交流中心招聘下列人员：

1. 本地区医院业务推广代表三名，要求医学、药学本科以上学历，具有五年以上医院工作经验（硕士毕业两年），较强的社交能力、口头及书面表达能力，富于开拓精神，年龄26～35岁之间，需有本地户口、单位证明。

2. 文员一名，需本科以上学历，女性，身高1.65米以上，年龄20～30岁之间，具较强的社交能力，会中英文打字，需有本地户口。

有意者请于即日起七天内将有关资料及照片寄至××市××街×号×楼22号李军　邮编：030009，勿访。

××药业有限公司

××年×月×日

（6）招生启事。用于学校招收新生的启事，使考生了解办学宗旨和报考细节。招生启事是招生简章的浓缩形式，不论启事内容如何浓缩，开设专业及学习内容、学制或学习时间、毕业证或结业证书发放等要点都是不可或缺的。

正文的表述方法有两种，一种是文字说明式；另一种是表格式。前者容量大，介绍全面，后者较为直观，一目了然。两种方法各有利弊，写作者可根据内容选用。

【例 5-22】

××经济管理干部学院
招生启事

我院是经国家教委审定备案，主要培养实用型高级经营人才与管理人才的成人高校。2019 年扩大招生。

一、招收：财会电算化（50 人），金融（50 人），经济贸易管理（50 人），学制二年，学习形式全脱产，全省招生。

二、招收：工业企业管理（营销 50 人），财会电算化（50 人），金融（80 人），经济贸易管理（60 人），学制三年，学习形式业余，××地区招生。

三、2019 年 3 月 20 日至 3 月底，考生在各地（市）县（区）招生机构报名。

学院地址：（略）

联系电话：（略）

（7）招领启事。用于寻找失主的启事。这种启事，不仅表现出拾金不昧者的美德，而且体现了对社会公众的道义责任，客观上巧妙地树立了良好的企业形象。

招领启事正文内容与寻物启事相反，为防冒领，遗失物品的数量、特征可不写或少写，常用"若干"一批等表概数的词语。行文语气要客气，多使用希、盼、望等敬辞。

【例 5-23】

招领启事

本人于昨天下午四时在公司营运部大厅拾到钱包一个。内有现金和发票若干，请失主速到公司工会认领。

公司销售部 谈幸
2019 年 8 月 24 日

【例 5-24】

贵重物品招领

×月×日在上海至太原×××次列车硬卧车厢内，发现旅客遗留密码箱一个，内有人民币和各类证件若干、贵重物品一批，特登报招领，望失主携带有关证明文件，前来申请领取。此启。

××铁路分局列车段
2019 年 4 月 18 日

【点评】招领启事与寻物启事不同，只需写清所招领物品大致特征，不应予以详细介绍。

（8）招工启事。用于公开招收工作人员的启事。招工启事的招收对象一般是层次较低的员工，它的写法比招聘启事简约扼要，一般注重概括交代，但应招者的条件和报名时间地点要写得具体明白。

【例 5-25】

招工启事

××建筑公司是一家省内知名企业，现因业务飞速发展，需招施工员四名，司机一名，临时搬运工两名，应招者应具备以下条件：

1. 施工员：①中专以上本专业毕业文凭；②年龄在 18～22 岁，具有积极主动的进取精神及责任心，能长驻外地者优先。

2. 司机一名：年龄在 18～25 岁未婚青年。

3. 临时搬运工两名：①年龄在 18～20 岁；②最好是农村户口，提供食宿。

我们将提供岗前培训，极具挑战性的工作和极具竞争性的工资．一经聘用，签订劳动合同。

请于 5 月 27 日～29 日之内携带三证到××建筑公司×街×号。电话

（略）。联系人：郎小姐

××建筑公司

××××年×月×日

（9）招商启事。用于招请客商经营的启事，是一种新兴的启事，使用者多为商场、商厦等商业机构。

正文中主要交代招商场地的情况，如地理位置、建筑面积、场所用途、配套设施、招商办法等，写出优势和特点。招商办法要写清楚，使客商明白要做什么和怎样去做。

【例 5-26】

××商城招商启事

××商城位于××花园高级住宅小区，由三层全框架的临街建筑组成。集购物、娱乐、康乐、餐饮、服务于一体，拥有大小百余间充裕铺位，可经营酒楼、宾馆、舞厅、桑拿、健身、游艺、百货，乃商家投资经营最佳选择。欢迎各方有识之士前来共创宏业。

××房地产开发有限公司

地址：××市××路83号

电话：（略）

售楼时间：9：00—18：00

（10）招租启事。用于招请租赁者的启事，是一种新兴的启事，目前名称较乱，也称"出租启事""租赁启事"。招租启事和招商启事两者非常相似，但又有不同之处，招租启事目的明确，只限于场所、器物的出租，不搞合营、招资、开发等项目，启事的使用者也是五花八门，各行各业均有。写作者应把握这两种启事的异同，准确表述自己的意图，使其更好地为经济发展服务。

【例 5-27】

招租启事

我单位在××路四号有临街楼一栋。每层设有外线电话，六楼有42座外

049

语电化教室。楼内水、暖、电设施齐全，配有职工食堂，与省物资城、生产资料城连成一片，地段繁华、交通方便，是厂家、单位设立办事处从事经营、办学的理想场所。现有部分楼层对外出租，欢迎有识之士光临！

联系人：张先生　王先生

电话：（略）　　邮编：（略）

传呼：（略）　　电挂：（略）

地址：××路四号两楼五层

（11）征集启事。用于征求特定文稿或设计图稿的启事。这种启事的征集对象范围较大，通常可分为三类：第一类是文字性的，包括对联、口号、广告词、企业名称、地名等。这类特定文稿往往由一个词、一个短语或一个句子所构成，是一种特殊的文字表达形式。它同"征文启事"的文稿不同，征文启事的文稿字数多、成段落，一般是一篇完整的文章，这样便形成了这两种启事的重要区别。第二类是图案性的，包括厂徽、公司标徽、商标（服装、装潢）、设计图稿等，是用图案表示含义。第三类是图文并茂式的，比如广告设计等，既有图案设计，又有文字表述。

【例 5-28】

征集厂标、商标启事

中美合资××生物工程有限公司（××酶制剂厂）采用美国德国先进设备生产 20 世纪 90 年代先进水平的洗涤剂用高碱碱性蛋白酶（英文缩写 HAP），现已将产品推向市场。20 世纪 70 年代末，××酶制剂厂就将国产洗涤剂用酶首先推向全国市场，特别是在×市，加酶洗衣粉已家喻户晓，而所用之酶，即为原××酶制荆厂生产，深受×市父老乡亲欢迎。目前，在合资公司成立后，产品已升级换代，本公司意欲采用新的厂标和注册商标，为此，特向全市征集我厂厂标和最新产品——洗涤剂用高碱碱性蛋白酶的注册商标，要求体现：

1. 我公司生产的 HAP 为生物工程产品，具有高新技术。

2. 用于洗涤剂能极大地提高去污能力。

3. 可以节约人力、财力、能源，为家庭必备。

4. 充分表达企业蒸蒸日上、日新月异的变化。

5. 图案新颖，能加深客户印象，便于记忆、传诵。

凡有意于投稿者，请于 7 月 15 日前将本人姓名、住址、联系电话、邮政编码、传真及彩稿寄××生物工程有限公司，×市新技术产业园区××路×号。邮政编码：（略）（勿访）。

来稿经公司评审委员会初审、复审采用后，付稿酬两千元，初审通过者给予纪念奖，来稿无论采用与否，一律不退稿，请自留底稿。

电话：（略）　联系人：舒先生　刘小姐

××生物工程有限公司

××××年×月×日

（12）征文启事。用于征求文稿的启示。征文启事的文稿字数多、成段落，一般是一篇完整的文章，与征集启事非常相似，有时也可归为一类，但考虑到其特殊性，在本章节中单列介绍。

【例 5-29】

"中国梦 我的梦"征文启事

今年是新中国成立 70 周年，在这艰苦奋斗的 70 年里，我们的祖国经历风风雨雨，在困难中不断前进。值得我们每一个中华儿女骄傲和自豪的是，我们的祖国在各项事业中取得了辉煌的成就。党的十八大会议中，习近平总书记提出了"中国梦"这个概念，我们全国人民的中国梦是：国家富强，民族振兴，人民幸福。为了迎接新中国成立 70 周年，抒发我们每个中国人的"中国梦"，现决定举办迎国庆——"中国梦 我的梦"征文大赛，现将有关事宜通知如下：

一、征文主题：征文以"中国梦 我的梦"为主题

二、征文对象：全校在校学生

三、征文时间：即日起至 2019 年 9 月 30 日止

四、征文要求

1. 题材符合中职生特点，以"中国梦 我的梦"为主题，感情真切、内容健康、贴近生活。

2. 文章体裁不限：散文、随笔、小说、诗歌等。字数不超过 1200 字，不低于 600 字。

3. 文章必须为原创，不得抄袭、套改。

五、投稿方式：以书面形式投稿，以班级为单位交与团委张勇老师处

六、奖项设置

本次征文采用各年级取奖方式，分别评选出一等奖 1 名、二等奖 3 名、三等奖 5 名。

××校学生科

××××年×月×日

【点评】征文启事是面向大众征求文稿的启事。这类启事一般要用平实简明的说明性文字来表述。要写明征稿原委、对象、内容、报送方式、截稿时间等内容。有时，还要对文稿的题材、体裁、字数等方面加以说明，做出具体要求。如有评奖活动，还需说明评奖办法和奖励办法等。

[启事练习]

（1）下边是张贴在校内的"招领启事"，有六处错误。请认真阅读并按照文的要求答题。

招领启事

昨天中午，本人在校图书馆见到一个白色书包。书包里有一个钱包、五本书和一把钥匙。

望失主速来认领。

章小春

1）本启事的书写格式有两处错误：①是_____；②是_____。

2）启事的内容中有关物件的_____、_____不应交代得这样具体明确。

3）启事的内容中有关认领的_____、_____等还没有交代清楚。

（2）修改应用文，并回答问题。

寻狗启示

本人爱狗豆豆，于 5 月 15 日在北方大厦附近遛弯时，不小心走丢。有见到者请与本人联系，本人原意负出重金表示感谢。此致

敬礼

张华 5 月 16 日

1）它在格式上有两个毛病：①_____ ②_____。

2）它在内容上有两个问题：①_____ ②_____。

3）文中有三个错别字，在原文中圈出更正。

（3）河北××建筑公司因业务扩展，先需要招聘施工员 5 人，资料员 3 人，能驻外者优先，试用期 3 个月，工资面议。请你以人事处张处长的名义写一则招聘启事。

5.4 计划

计划是在开展某项工作或进行某一行动之前，预先拟定其内容、要求、指标、措施、实施步骤和完成期限的陈述性公文。具体来说，就是在一定时期内，为了更好地完成工作、生产、学习等任务，需要根据党和国家的方针政策、上级的指示精神以及本单位或者个人的实际情况，提出具体的要求，规定明确的目标，制定相应的措施，把这些内容写成书面的材料，就叫计划。计划是个总称，人们通常说的规划、方案、安排、打算、要点、设想等都属于计划。党政计划、社会团体、企事业单位乃至班、组、个人，都要制订计划。订好计划，工作才会有明确的目标、具体的要求、切实的措施，才有利于振奋精神、提高效率，使工作有条不紊，达到预期的目标。有了计划，也便于督促检查。

计划除了名称分类外，还有各种分类方法。按内容分，有综合计划、单项计划（专项计划）；按性质分，有学习计划、工作计划、生产计划、科技计划以及各种会议活动计划；按范围分，有国家计划、部门计划、单位计划、科室班组计划、个人计划；按时期分，有长远计划、年度计划、周计划等；按形式分，有条文式计划、表格式计划。

计划没有固定的格式，常见的有分条列项式和表格式，也有兼备这两种形式的。

分条列项式计划一般分为三个部分：

（1）标题

标题是计划的名称。写在第一行中间，字体要大一号。通常，标题中要包括单位名称、计划内容、有效期限和计划种类，如《星河建筑公司 2020 年度工作计划》。也有不写明适用期限的，有的还只写明计划种类，而将制订计划的单位名称和日期写在末尾。

（2）正文。

正文是计划的主体部分，从第二行空两格写起。条文式计划，正文一般都分条分项书写，但条文内容并不是毫不相干的，分条的目的是为了眉目条理清楚。一般应包括如下几个部分：

1）基本情况。说明为什么要订这份计划，即制订计划的依据、上级总的要求和本单位具体情况等。这是一般概括性文字，无须展开叙述，但这是制订计划的基础，一般不可缺少。

2）目的与任务。即计划要达到的目标、指标和要求，具体规定要完成哪些任务，什么时候完成，数量、质量上的具体要求。目的要写得明确，任务要提得具体适当。

这是计划的中心内容，一般分条目来写，也可用小标题或段首概括的形式表述。

需要强调的是，目的与任务的提出要紧扣上述基本情况的内容，切忌二者脱节。

3）措施和步骤。表明怎样完成计划，采取哪些方法，怎样利用有利条件，完成时间、步骤和分工等，要分条分项列出，步骤要具体明确，措施要切实可行。

（3）署名和日期

在正文的右下方写明制订计划的单位（或个人）以及日期。如果计划名称上已有，这里可以省略。如果对外行文，要加盖公章。

此外，与计划有关的一些材料，可以在计划外附表附图。

至于表格式计划，一般分文字说明和表格两部分，也有无文字说明的。表格就是计划的"正文"，说明文字是对表格情况的说明，即"基本情况"。

【例 5-30】

建筑施工员第二季度工作计划

由于天气原因导致前期的施工进度较慢，当前季度承包的工程还没完成，需要延续到第二季度进行处理，因此，我制定了第二季度的建筑施工计划，希望通过第二季度的努力从而尽快完成当前负责的工程项目。

1. 考虑到工程延期的问题自然需要加快进度并处理好现场材料的验收签证。

2. 管理方面则需要协助监理员做好施工监理工作并深入到施工现场，在第二季度的工作中要听从项目经理的领导，并尽力排除工作中的困难，以便达成预期目标。

3. 鉴于目前的工期比较紧张的形势，要与施工队的同事们做好工程量的复合，而且在施工进度方面也要把控好力度并承担好相应的责任。

4. 抓好施工安全，保证建筑施工方面的效益。

5. 有限的时间内进行建筑施工的严密组织从而在不影响质量的情况下把控好工程进度。

针对目前的形势不能有所松懈，并需要想办法提升第二季度的工作效率，我一定遵从项目经理的指示并处理好后期的工程验收与质量评定工作。

【例 5-31】

房地产销售第二季度工作计划

因为自身的疏忽，当前季度的房地产销售工作完成得并不好，导致公司领导布置的销售任务没有完成，感到非常愧疚，为了防止这种状况再次发生，我分析了原因，制订了房地产销售工作的第二季度计划。

一、客户拜访量较低是导致当前阶段销售业绩较低的主要原因。针对这类问题应当为客户拜访工作做好准备，所以事先和客户在电话中联系的时候就应要确定客户的类型，通过自身的销售技巧令对方产生兴趣以后再提出上门拜访的请求。当前季度或许是嫌麻烦的缘故，总希望能够在电话中解决客户，殊不知不带着诚意便奢求这点很难在销售工作中获取客户的信任，对比其他经常在外拜访客户的同事，便可得知嫌麻烦或者怕吃苦很难在销售工作中获得业绩。因此，我也应当上门和客户进行再三确定并带领对方去看房才行。

二、在销售过程中应当注重收集客户信息并为对方推荐适合的房型。对待房地产销售工作，应当在沟通过程中以对方为主从而获取信任，在介绍房型的时候也要注意听取客户的观点并带领对方到具体地点进行查看。主要还是得细分销售工作的步骤，并在和客户联系的过程中思考对方可能担心的问题，只要解决这点基本上可以在销售工作中获取这笔订单，从而提升公司的收益。销售往往不会因为单次通话便一锤定音，自然要做好长期联系的准备，在分析对方犹豫的原因以后实施逼单策略，从而让客户明白目前房源的升值空间。

房地产销售的技巧中还有许多值得自己思考的地方，我应该重拾信心，尽快振作起来，并在第二季度创造更好的业绩。

【点评】这两份均为工作计划。制订计划的依据和目的在开头直接写明，正文部分分别叙说计划的具体内容，结尾表明自己完成计划的决心。

[计划练习]

（1）新学期开始了，请你根据你的专业，针对本学期的课程，拟一份详细的学习计划书。

（2）假设你是建筑公司的一位文员，请根据你的专业，拟一份新年度工作计划。

5.5 总结

总结，是对已经完成的某项或某一阶段的工作进行系统回顾和分析研究，明确取得的成绩和存在的问题，找出经验教训，概括指导性结论的公务文书。通过总结，把零星的、肤浅的、感性的认识上升为全面的、系统的、理性的认识，从而肯定成绩、经验，找出缺点、教训，明确努力方向，更好地完成今后的工作。总结有以下特点：

（1）总结是在学习、工作告一段落或结束之后写的。

（2）总结的内容一般是本单位、本部门、本系统人们共同关心的问题。

（3）总结不仅要回答"是什么"，而且要讲明"为什么"和"怎么办"。因此，总结一般有较多的分析，从实践中找到规律性的东西来。

（4）总结一般是为本单位或个人的具体工作或学习而写的，一般用第一人称。

写好总结，要客观地了解、掌握尽可能具体、详实的情况，遵照党和国家的方针政策以及有关规定的要求。

总结是一种比较灵活的应用文体，可简单地划分为三大类：全面总结、专题总结、小结。如果详细分类，可以从不同角度区分，按内容分，有工作总结、生产总结、学习总结、思想总结等；按范围分，有部门总结、单位总结、科室总结、个人总结等；按时间分，有年度总结、季度总结、阶段总结、月份总结；按性质分，有经验总结、事故总结等。

总结的行文结构一般由标题、正文、落款三部分组成。

（1）标题

标题一般包括：单位名称、期限、内容、文种四部分内容。例如：河北省××建筑公司 2019 年度工作总结。

（2）正文

正文一般包括前言、工作回顾、基本经验、结语。

1）前言。概述基本情况，指出工作的根据，取得的成绩和经验，存在问题等，它是总结的引言，概括全文，领起下文，要写得简明扼要。

2）工作回顾。较详细地叙述工作任务，完成的步骤，采取的措施，取得的成绩，存在的问题。这部分可综述，也可分述，要写得清楚、具体，为下面的基本经验部分打基础，以便于从中引出基本经验。全面总结一般包括成绩收获、经验体会、问题教训三个部分。

3）基本经验。这是总结的重点，是从上面工作回顾中归纳、概况出来的，为了讲清楚这部分内容，往往要分成几个方面来写。每个方面可以用一句话领起，也可以加小标题。

4）结语。要写明努力的方向，今后打算，如何发扬成绩、克服缺点等，要写得简短概括。

上述四个方面，不一定每篇总结都严格按着这四个方面来写，有的部分可以同其他部分合并，突出某一方面。

以年终个人总结为例，一般地说，正文部分可分为三部分：

第一部分：前言。"2019 年即将过去，这一年中，我取得了一些成绩，也存在一些问题，现总结如下。"

第二部分：工作成绩。为了清楚明了，一般用序数式或排列式写作结构，如："一年来我做了以下几项工作："或"我在 2019 年中做了以下工作："。

第三部分：存在的问题及原因。例如："尽管我取得了一些成绩，但还存在一些问题。诸如：……"。"究其原因，……"。

第四部分：努力方向。例如："今后我要发扬优点，改正不足，争取取得更大的成绩。"

总之，个人总结要抓住主要问题，突出经验、教训和个人思想上的收获体会，不可停留在工作过程的回顾或一般优缺点的检查上。

（3）落款

在正文结束后，右下方写上落款，主要写明作者姓名、成文日期。

【例5-32】

年度工作总结

时间如流水，转眼间一年的工作已经结束。回想这一年的工作取得了很大的进步但也存在一些问题，为了更好地在工作中奋发进取，为单位建设贡献自己的一份力量，我将从以下几个方面对全年工作进行总结。

一、思想方面

（一）刻苦学习政治理论，要求自己做到政治上合格。今年以来，学习我们党的各类思想著作，认真学习党的十八大精神和党的方针、路线、政策，自觉与党中央在政治上、思想上、行动上保持一致。及时完成上级规定的理论学习计划，通过学习，提高了自己运用辩证唯物观点分析事物，解决问题的能力。

（二）平时注重对政治理论的积累，积极参加各级组织的政治思想教育，加强了自己的人生观、价值观、世界观的改造。能够克服个人家庭各种矛盾，思想稳定，热爱单位，加强了干好工作的信心和决心。

二、工作方面

（一）热爱本职工作，爱岗敬业，责任心强。能做到忠诚于事业，牢固树立全心全意为单位服务的思想，始终坚持在工作中摔打磨练自己，不断给自己加压，不断加强世界观、人生观改造，有较强的事业心和责任感，具有高尚的道德情操和思想品质。思想端正，上进心强，作风正派，工作扎实，任劳任怨，为人忠诚，谦虚谨慎，团结协作。

（二）无论在什么岗位，都能一心扑在工作上，扎实工作；视事业为生命，积极进取。对待本职工作认认真真，兢兢业业，一丝不苟，且吃苦耐劳，任劳任怨，立足本职，脚踏实地干工作。在处理个人与集体利益上，做到以集体利益为重，大事讲原则，小事讲风格。在工作过程中注意合理安排时间，采取科学的工作方法来提高工作效率。从没有因工作多，任务重而产生消极抵触情绪，自始至终保持了良好的敬业精神和工作干劲。

三、存在的问题

（一）对政治理论学习，尤其是需要从思想深处去认识和领会的精神实质和深刻内涵，下功夫还不够，用心不足，浅尝辄止，笔记体会也不够认真扎实。

（二）对平时的学习时紧时松，不够全面扎实，取得成绩后有自满的心理。

（三）工作中还有放松要求的现象，对新知识的学习钻研上下的功夫还不够。

以上是我的工作总结，为了促进下一步工作上台阶，我一定加强自己的政治学习，不断提高自己的思想觉悟；发扬能吃苦耐劳的优良作风，提高自己的业务技能；不断学习新知识，提高解决新情况，新问题的能力。

【例 5-33】
河北××建筑有限公司生产部 2019 年度工作总结

2019 年在紧张和忙碌中过去了，回首过去的一年，内心不禁感慨万千，这一年，虽没有轰轰烈烈的战果，但也算经历了一段不平凡的考验和磨砺。在这辞旧迎新之际，我们生产部门将深刻地对本部门一年来的工作及得失作出细致的总结，同时祈愿我们公司明年会更好。

一、生产和产量方面

在过去的一年里，生产部门力挑重担，进行了大量的工艺摸索试验，冲压方面：克服了原材料板型差、客户质量标准大幅提高、原材料到货不及时、客户订单临时调整等困难，使得我们公司产品生产从往年单一的××产品实现了向××、××同时生产的成功过渡，顺利完成××产量××吨，××产量××吨。热处理方面：根据客户的要求，及时请教同行业厂家的相关经验，对我公司以前传统的退火工艺进行了大胆改进，经过一段时间的试验，一些刚开始接触的高效材料经过处理，产品基本上达到了客户的要求，同时生产部也总结了很多宝贵的经验。共完成热处理产品××吨。新产品方面：××器是客户在今年新开发的产品，为了达到客户在产量和质量方面的要求，生产部顶着原材料到货不及时、产品型号杂乱、单品种需求量少、客户订单不稳定、模具更换频繁的困难共为客户加工特变产品××吨，并合理调整生产计划，利用空闲时间，开发了××产品并完成了为客户的小批供货。为今后公司产品多元化打下了良好的基础。材料初加工及对外加工方面截至12月20日共完成××材料××kg。

二、产品质量方面

在完成上述产量的同时，我们生产制造部门也高度重视产品质量，严把生产工序的每一个质量控制关，利用例会、质量会、班前会及生产过程及时为操作工灌输质量理念，坚持操作工为第一质检员的观点。根据操作工的流动量，及时为新职工安排质量、操作技能方面基本的理论培训和现场操作实践，保证每一个新操作工在上机独立操作以前，都能了解基本的产品质量判别方法。根据产品特征分类及质量要求，在生产部内部安排专人兼职负责，我们始终坚信产品质量是生产出来的，只要生产部的每一个员工都有高度的质量意识，并付诸生产操作的每一环节中，产品质量将会稳步提高，以达到满足客户质量要求的目标。

三、设备模具管理方面

在这一年里，公司投入资金购置了更加精密的模具和设备，为产品的产量和质量提供了更加有力的保证，虽然大部分设备都是新设备，故障率较低。但我们设备维修人员还是克服了技术力量薄弱的困难、按照设备维护保养的相关文件对设备进行定期检修保养，并且作了相应的记录及详细的设备点检表、模具维修记录、并为每套模具建立了详细的档案，有力地保障了设备的正常运转，进而从很大程度上确保了生产运行的稳定性。

四、人员管理方面

因公司生产任务的急剧增加，产品型号的多样化，公司新招聘员工很多，共有×批次的新员工进入到车间的各生产岗位，且流动量很大，各岗位人员极不稳定，给生产各方面管理带来极大压力，就在这样的压力推动下，生产部还是坚定地对各岗位进行岗前、岗中的简单培训，保证新进员工顺利进入岗位角色，做到在领班及各级领导的正确引导下，基本胜任各自的岗位工作。

五、安全生产方面

在过去的一年里，基于行业的特殊性，我们生产部门将安全生产纳入了日常的管理工作之中，能够经常对各岗位员工进行安全知识的教育，培训操作工正确操作生产设备，发现问题及时处理。但是在 5 月 4 日、6 月 8 日和 10 月 28 日仍然发生了××、××、××因违反操作规程而造成的恶性人身伤害事故，针对此类事件，生产部对全体操作工进行了更加频繁的安全警示教育。对一些造成人身伤害或设备模具损害隐患的人和事进行了严肃的经济处罚和批评警告。

生产部门在过去的一年里，在公司领导的正确领导下，顺利通过了 ISO9000 审核组对生产部门的审核，并通过这次活动健全了很多以前没有做到的东西。各生产岗位知难而上、基本顺利地完成了公司下达的各项生产任务。生产部虽然做了很多的工作，也取得了一定的成绩，但是也还存在较多的问题，主要有以下五个方面的不足：

一、生产现场管理方面

各岗位的生产现场管理较为混乱，主要是生产过程的各种辅助用品摆放不整齐，产成品、二级品没有做到定置管理。还有就是环境卫生、设备卫生、人员卫生很差，操作工甚至班长换材质换规格的清场意识薄弱。我们认为解决的途径是加强现场管理，强化处罚措施，具体安排专人进行监督检查。

二、人员管理方面

由于生产部大部分员工都是从社会临时招聘，普遍文化素质较低、工作态度自由散漫，加之生产管理人员在具体管理方面的松懈，致使员工的责任、团队、服从管理意识不强，迟到、早退、消极怠工现象屡屡出现，缺乏质量观念和成本观念，不能很好地爱护公司财物，节约各项能源。在这方面我们正在着手进行整顿、教育、并制定详细的规章制度和各方面培训计划，对操作工的出勤率、计划达成率、人员流失率、生产效率，协同品质部对生产过程、客户反馈的不良信息作详细的数据统计分析，对出现问题的职工进行有针对性的培训教育，继而进行系列的检查督促，建立健全相应的规章制度及奖罚措施，不断提高员工的综合素质，以适应企业今后发展的要求。

三、设备、模具管理方面

公司自 2016 年以来，新购设备较多，特别是 2017 年进的设备还是人机界面，采用了较先进的电子控制技术。对操作、模具保护提供了很大的便利，而有部分操作工却不能很好地爱护设备、模具，不能及时发现故障隐患，造成了多起模具严重损坏事故，设备、模具维修保养人员人手少、不稳定、技术力量弱，对设备的保养、故障的提前预防做得还很不到位，大修设备或模具往往需要几天或更长时间才能完成，有部分模具至今还不能达到客户的要求。新的一年将马上面临公司迁址并扩大生产规模，期间会有大量的辅助用具制造、设备模具调试工作，这无疑会给目前的正常生产带来很大压力。这方面应该马上补充有相关经验的专职维修人员，对主要模具维修人员委派培训，健全维修部门，安排直接责任人，进一步建立设备模具运转率、故障率、闲置率等系列数据统计分析报告（此类表格已制定完成，正在落实具体统计办法），及时分析设备模具出现的问题，采取相应的措施，对目前存在问题加以改进，使企业的固定资产管理更加成熟，趋向正规。

四、辅助用品、物料消耗及生产成本的控制方面

由于没有对各岗位班组的物料消耗情况进行考核，出现了很多的物料浪费或辅助用品消耗过大的现象。生产员工的操作技能不够熟练，致使原材料调运过程频繁碰伤摔伤，造成料头料尾过长或产品废弃率严重超标；因为没有对二级品及辅助用品做到定置管理，换材质换规格的清场意识不够强，造成部分二级品甚至成品被倒进垃圾堆；下班时不关设备电源、不关灯的情况也屡有发生，鉴于目前存在的浪费现象，首先应该从培养操作工的责任心、健全职能岗位人员开始，对生产班组领用的辅助用品指定区域、安排专人协同现场管理和仓储部门，遵循相关实施办法并加大执行力度，对违反规定的人员进行相应经济处罚。原材料方面，对材料调运过程实行专人专职操作，实行责任制，要求必须遵守该环节所用机械的操作规程，熟练操作、避免材料在调运过程磕碰，对使用的每一条材料都做详细的记录；两班统计员在交接班时，对当班操作工的个人不良率、产品废弃率作详细统计；协同物流人员、及时统计分析材料的利用率和其他辅料的领用数据，根据实际情况实施相应的、合理的奖惩措施和节约能源、降低成本的思想教育，使整个生产流程环环相扣，避免出现管理上的真空，使这些职能岗位人员能够时刻保持高度的责任心和主人翁精神，逐渐为操作工养成良好的节约习惯，公司提倡的"节约每一寸材料、每一滴油、每一张纸"的口号，才不会成为一句空话。

五、安全生产方面

安全生产可以说是每个生产企业中最重要的一个方面，安全是效益。我们生产部门在这一点上做得还远远不够，特别是一些相关安全知识一部分员工还没有完全理解，思想上对一些事故隐患不够重视，甚至一些基本的安全常识，也很容易松懈。为此建议公司应实行安全例会制度，至少在每季度要召开一次全公司的安全生产会议，同时人力资源部定期进行对员工一些安全小知识的培训。另外结合各生产班组在班前会上纳入安全生产方面的要求，使员工在每时每刻都绷紧安全这根弦，在人人心中树立安全就是效益的理念，促进公司的安全生产工作能上一个新台阶。

从公司整体方面，我们有以下几点建议：

第一、公司在新产品生产方面因受人员的制约没有力度，接到新产品订单后往往出现手忙脚乱的现象，应变能力差，以至于一些订单被别的公司轻而易举抢走。公司搬迁新址以后，必然要接触一些以前没有接触过的冲压产品，并以此来扩大生产规模，因为每个产品在行业内都有它固定的需求量，没有新品的支撑，公司就没有发展的后劲，也就不可能有可持续增长，如果不增长那就意味着后退，正如"逆水行舟，不进则退"。

第二、产品质量问题。目前客户对我公司的质量方面不良反馈居高不下，我们认为，除了生产部门自身的因素以外，品质部门也负有不可推卸责任，公司应该继续加大对品质部门的管理的力度，使品质人员具有良好的自身素质及业务技能，对生产实施全过程监控，及时统计生产过程出现的问题，结合客户的不良反馈，每月至少出一份质量统计数据，协同生产部门作出前三项不良统计报告，有针对性地拿出改进措施，使不良率逐步降低争取早日达到客户免检产品的标准要求。

第三、公司各方面工作缺乏有效监督体系，建议专职核查人员，制定并健全适合各部门的综合考评制度，持之以恒的对目前的公司各部门各项具体工作进行综合考评，每月汇总并分析原因，拿出解决办法，使公司的各项工作都能逐步趋向完善。

第四、公司在技术熟练人员的培养和留用方面跟其他企业有很大的差距，现代企业的竞争归根结底是人才的竞争，也就是常言说的"有人有天下"。但我们企业普通操作工的流动量非常大，部分员工因为对公司不信任、没有依赖感而流失，公司常年总是在对员工培训一些最基础的东西，导致公司引进的一些看上去先进的管理模式发挥不了决定性的作用，甚至在对有些最普通岗位的违规职工作处罚措施时，他们以辞职或请假相要胁。于是，产品质量总是得不到保证、规章制度执行难、管理难就成了公司管理工作最主要的难题，公司高层领导、人力资源部应该对这些历史遗留问题高度重视，总结一下究竟其原因何在。

第五、公司在企业文化建设方面几乎是一片空白，企业文化关系到企业所有员工的思想情绪，也与企业的发展息息相关。纵观中外古今取得巨大成功的企业，都非常注重企业文化的建设。作为一个企业首先要树立企业的精神理念，然后通过长期的企业文化建设，把企业精神贯注到每一位员工心中。良好的思想政治工作，能够给企业带来无形而巨大的效益。

面对即将到来的 2020 年，我们生产部愿以最饱满的热情对待新年的每一天，团结协作，克服不足之处，提高工作质量，抓好安全生产，为企业的发展尽我们最大的努力！

【例 5-34】

锦达消防安全公司个人年度工作总结

20××年就快结束，回首 20××年的工作，有硕果累累的喜悦，有与同事协同攻关的艰辛，也有遇到困难和挫折的惆怅，时光过得飞快，不知不觉中，充满希望的 20××年就伴随着新年伊始即将临近。可以说，20××年是公司推进行业改革、拓展市场、持续发展的关键一年。现就本年度重要工作情况总结如下：

一、虚心学习，努力工作，圆满完成任务

（一）在 20××年里，我自觉加强学习，虚心求教，不断理清工作思路，总结工作方法，一方面，干中学、学中干，不断掌握方法积累经验。我注重以工作任务为牵引，依托工作岗位学习提高，通过观察、摸索、查阅资料和实践锻炼，较快地完成任务。另一方面，问书本、问同事，不断丰富知识掌握技巧。在各级领导和同事的帮助指导下，不断进步，逐渐摸清了工作中的基本情况，找到了切入点，把握住了工作重点和难点。

（二）20××年工程维修主要有：在卫生间后墙贴瓷砖，顶棚修补，两栋宿舍走廊护栏及宿舍阳台护栏的维修，还有各类大小维修已达几千件之多！

（三）爱岗敬业、扎实工作、不怕困难、勇挑重担，热情服务，在本职岗位上发挥出应有的作用。

二、心系本职工作，认真履行职责，突出工作重点，落实管理目标责任制。

（一）20××年上半年，制定了完善的规程及考勤制度。20××年下半年，召开了20××年的工作安排布置会议年底实行工作目标完成情况考评，将考评结果列入各部门管理人员的年终绩效。在工作目标落实过程中完善工作制度，有力地促进了管理水平的整体提升。

（二）对清洁工每周不定期检查评分，对好的奖励，差的处罚。

（三）做好固定资产管理工作，负责宿舍固定资产管理。对固定资产的监督、管理、维修和使用维护。

（四）加强组织领导，切实落实消防工作责任制。为全面贯彻落实"预防为主、防消结合"的方针，公司消防安全工作在上级领导下，建立了消防安全检查制度，从而推动消防安全各项工作有效的开展。

三、主要经验和收获

20××年，完成了一些工作，取得了一定成绩，总结起来有以下几个方面的经验和收获：

（一）只有摆正自己的位置，下功夫熟悉基本业务，才能更好适应工作岗位。

（二）只有主动融入集体，处理好各方面的关系，才能在新的环境中保持好的工作状态。

（三）只有坚持原则落实制度，认真统计盘点，才能履行好用品的申购与领用。

（四）只有树立服务意识，加强沟通协调，才能把分内的工作做好。

（五）要加强与员工的交流，要与员工做好沟通，解决员工工作上的情绪问题，要与员工进行思想交流。

四、存在的不足

总的来看，还存在不足的地方，还存在一些亟待我们解决的问题，主要表现在以下几个方面：

（一）对新的东西学习不够，工作上往往凭经验办事，凭以往的工作套路处理问题，表现出工作上的大胆创新不够。

（二）本部有个别员工，骄傲情绪较高，工作上我行我素，自以为是，公司的制度公开不遵守，在同事之间挑拨是非、嘲讽、冷语，这些情况不利于同事之间的团结，要从思想上加以教育或处罚，为企业创造良好的工作环境和形象。

（三）宿舍偷盗事件的发生，虽然我们做了不少工作：门窗加固，与其公司及员工宣传提高自我防范意识，但这还不能解决根本问题，应引起上级领导的重视，在工业园已安装了高清视频监控系统，这样就能更好地预防被盗事件的发生。

五、下步打算

针对 20×× 年工作中存在的不足，为了做好新一年的工作，突出做好以下几个方面：

（一）积极搞好与员工的协调，进一步理顺关系。

（二）加强管理知识的学习提高，创新工作方法，提高工作效益。

（三）加强基础工作建设，强化管理的创新实践，促进管理水平的提升。

在今后的工作中要不断创新，及时与员工进行沟通，向广大员工宣传公司管理的相关规定，提高员工们的安全意识，同时在安全管理方面要严格要求自己，为广大公司员工做好模范带头作用。在明年的工作中，我会继续努力，多向领导汇报自己在工作中的思想和感受，及时纠正和弥补自身的不足和缺陷。我们的工作要团结才有力量，要合作才会成功，才能把我们的工作推向前进！我相信：在上级的正确领导下，我们公司的明天更美好！

【点评】这三则总结都是工作总结，大致由前言、工作回顾、不足以及努力方向几部分组成，内容详实、主次分明。

［总结练习］

（1）仔细阅读下面一篇个人总结，按要求完成练习。

要求：1）给文章加上合适的题目。

2）根据文章内容，合理的安排段落，可根据文章层次分别加上小标题。

3）分析文章的内容，并尽可能加以修改。

同志们在认真地写总结了，我抑制不住内心的感情，也拿起了钢笔。在公司的这两年时间里，我总觉得是平平淡淡地度过的，在工作上有什么成绩，有哪些经验呢？只不过在工程服务部领导的带领下，做了以下工作。工作态度。我非常热爱本职工作，能够严于律己，遵守工程部的各项制度，保持对工作负责的工作态度，谦逊学习，积极进取，不断提高自己的技术水平，力争把领导分配的每一项任务做好。指导安装工作。在平时的安装实战中，通过对设备各管路接口、整流柜和控制柜接线放线的安装，加深了我对设备工艺流程和线路供配电的理解。也培养了我看懂电器接线原理图、管路连接安装图纸的能力。同时也学习到了设备零配件认知的技巧。安装过程的每个环节都做到了仔细认真。今后重点看些技术图纸，工作时间之余到物资保障部认知配件。不懂的问题及时向同事和领导请教。今后的工作方向。下月重点放在调试阶段的学习。培养自己查找故障的能力。将现场发现的问题反馈给领导，多请教。在以后的工作中弥补不足，发奋把工作做得更好。

（2）请你将这段时间的学习情况写一篇总结。

要求格式完整、正确，语言流畅，字数不少于 500 字。文中需用真名时要用×××代替。

5.6　会议记录

记录在生活中十分重要，开会、听报告、调查访问都需要一点记录，以便事后整理、传达或查考。会议记录是在开会过程中，当场由专门人员把会议的组织情况和会议报告、讨论问题、发言、决议等具体内容如实记录下来的文字材料，它是会议情况的真实反映。

从形式看，会议记录一般包括两部分：第一部分，记的是一般情况：会议名称，开会的时间、地点、出缺席人员、主持人、记录人等，这些项目要逐行分别说明。第二部分，会议的具体内容，这是会议记录的主要部分。一般是按照各人发言的顺序和问题，讨论的先后情况逐一如实记录下来。

会议记录一般有两种写法：一是详细记录。要求有言必录。这种记录适用于比较重要的会议，如传达领导讲话精神，布置本单位重要活动等；二是摘要记录。择其重点记之，只要记录其实质性的意见即可。

会议记录最基本的写作原则是真实性、完整性。因此，写会议记录要强调以下几点：

（1）如果是详细记录，就必须尽可能做到"有言必录"，要求把每个人的讲话和发言内容全部迅速地记录下来（包括发言过程中他人的插话），切忌投其所好，任意取舍。

（2）在讨论某一问题时，对不同意见和观点，要一视同仁地记下来，力求客观真实。在会议通过决议时，赞成者、反对者、弃权者或保留意见者，都应记录清楚。

（3）掌握作会议记录的技巧。一般要掌握四个要领，即一快（记得快）、二要（择要而记）、三省（正确使用省略法）、四代（用简单写法代替复杂写法）。

（4）记录字体力求清晰易认，切忌潦草。

（5）会议结束后，要另起一行写"散会"。如会议还要继续，则写"休会"。会后，要全面检查记录，对错漏处及时更正和补写。

会议记录在格式上一般由三部分组成：

（1）会议的基本情况。包括会议名称、时间、地点、主持人、出席列席和缺席情况、记录人员签名等。这部分可印成表格，最好在会议正式开始前写好。

会议记录 NO：

会议名称					
时间		地点			
主持单位		主持人		记录人	
参加人员					
缺席人员及原因					
会议内容					

（2）会议内容。这是记录的主体，它包括主持人讲话、报告或传达、与会者发言、讨论情况、会议决议等。这部分是了解会议意图的主要依据，是会议成果的综合反映，是日后备查的重要内容，要着重记录。

（3）签名。会后，记录人整理会议记录无误后，要在会议内容右下方签名。同时，需要会议主持人阅览后，没有异议时，在记录人签名左方签名，才能存档。当然，一些不太重要的会议记录，这部分可以省略。

【例 5-35】

××市管委会关于如何整顿市场秩序座谈会记录

时间：4 月 8 日上午

地点：管委会会议室

主持人：李××（管委会主任）

出席者：杨××（管委会副主任）、周××（管委会副主任管城建）、李××（市建委副主任）、肖××（市工商局副局长）、陈××（市建委城建科科长）及建委、工商局有关科室宣传人员。街道居委会负责人。

列席者：管委会全体干部

记录：邹××（管委会办公室秘书）

讨论议题：

1. 如何整顿城市市场秩序。

2. 如何制止违章建筑、维护市容市貌。

杨主任报告城市现状：我区过去在开发区党委领导下，各职能单位同心协力、齐抓共管，在创建文明卫生城市方面取得了一定成绩，相应的城市市场秩序有一定进步，市容街道也较可观。可近几个月来，市场秩序倒退了，街道上小商贩逐渐多起来，水果摊、蔬菜摊、小百货满街乱摆，一些建筑施工单位沿街违章搭棚。乱堆放材料，搬运泥土撒落大街……这些情况严重地破坏了市容市貌，使大街变得又乱又脏，社会各界反应很强烈。因此今天请大家来研究：如何整顿市场秩序？如何治理违章建筑、违章作业、维护市容？

讨论发言（按发言顺序记录）

肖××：个体商贩不按规定到指定市场经营，管理不得力、处理不坚决，我们有责任。这件事我们坚决抓落实：重新宣传市场有关规定，坐商归店、小贩归市、农民卖蔬菜副食到专门的农贸市场。工商局全面出动抓，也希望街道居委会配合，具体行动方案我们再考虑。

罗××（工商局市管科科长）：市场是到了非整不可的地步了。我们的方针、办法都有了，过去实行过，都是行之有效的，现在的问题是要有人抓，敢于抓落到实处。只要大家齐心协力问题是能够解决的。

秦××（居委会主任）：整顿市场纪律我们居委会也有责任。我们一定发动群众配合好，制止乱摆摊、乱叫卖的现象。

李××（建委副主任）：去年上半年创建文明卫生城市时，市里出了个7号文件，其中规定施工单位不能乱摆战场。工棚、工场不得临街设置，更不准侵占人行道。沿街面施工要有安全防护措施。今年有的施工单位不顾市上文件，在人行道上搭工棚、堆器材。这些违章作业严重地影响了街道整齐、美观，也影响了行人安全。基建取出的泥土，拖斗车装得过多，外运时沿街散落，到处有泥沙，破坏了街道整洁。希望管委会召集施工单位开一次会，重申市政府7号文件，要求他们限期改正。否则按文件规定惩处。态度要明确、坚决。

陈××：对犯规者一是教育，二是"逗硬"。"不教而杀谓之虐"，我们先宣传教育，如果施工单位仍我行我素不执行，那时按文件"逗硬"处理，他们也就无话可说。

周××：城市管理我们都有文件、有办法，现在是贵在执行，职能部门是主力军，着重抓，其他部门配合抓。居委会把居民特别是"执勤老人"（退休职工）都发动起来，按7号文件办事，我们市区就会文明、清洁，面貌改观。

与会人员经过充分讨论、协商，一致决定：

1. 由工商局牵头，居委会和其他部门配合，第一周宣传、第二周行动，监督实施，做到坐商归店，摊贩归点，农贸归市，彻底改变市场紊乱状况。

2. 由管委会牵头，城建委等单位配合对全区建筑工地进行一次检查。然后召开一次施工单位会议，对违章建筑、违章工场限期改正。一个月内改变面貌。过时不改者，坚决照章处理。

散会。

主持人（签名）　　　　　　　　　记录人（签名）

【点评】这则会议记录使用的是详细记录法，即记录原话，尽量把发言全部记录下来。记录简明扼要，重点突出，集中讨论了整顿市场秩序及维护市容市貌的问题，并达成一致意见，做出会议决议。

【例 5-36】

×公司第一次总经理办公会议会议记录

20××年××月××日下午，公司召开第一次总经理办公会议，研究讨论公司经济合同管理、资金管理办法、机关 20××年 3～5 月份岗位工资发放等事宜。张××总经理主持，公司领导、总经办、党群办及相关处室负责人参加。现将会议决定事项纪要如下：

一、关于公司经济合同管理办法

会议讨论了总经办提交的公司经济合同管理办法，认为实施船舶修理、物料配件和办公用品采购对外经济合同管理，有利于加强和规范企业管理。会议原则通过。会议要求，总经办根据会议决定进一步修改完善，发文执行。

二、关于职工因私借款规定

会议认为，职工因私借款是传统计划经济产物，不能作为文件规定。但是，从关心员工考虑，在职工遇到突到性困难时，公司可以酌情借 10000 元内的应急款。计财处要制定内部操作程序，严格把关。人力资源处配合。借款者本人要做出还款计划。

三、关于公司资金管理办法

会议认为计财处提交的公司资金管理办法有利于加强公司资金管理，提高资金使用效率，保障安全生产需要。会议原则通过，计财处修改完善后发文执行。

四、关于职工工资由银行代发事宜

会议听取了计财处提交的关于职工岗位工资和船员伙食费由银行代发的汇报，会议认为银行代发工资是社会发展的必然趋势，既方便船员领取，又有利于规避存放大额现金的风险。但需要 2 个月左右的宣传过渡期，让职工充分了解接受。会议要求计财处认真做好实施前的准备工作，人力资源处配合，计划下半年实施。

五、关于公司机关 11 月份效益工资发放问题

会议听取了人力资源处关于公司机关 11 月份岗位工资发放标准的建议。

会议决定机关员工 3～5 月份岗位工资发放，对已经下文明确的干部执行新的岗位工资标准，没有下文明确的干部暂维持不变。待三个月考核明确岗位后，一律按新岗位标准发放。

会议最后强调，公司机关要加强与运行船舶的沟通，建立公司领导每周上岗接船制度，完善机关管理员工随船工作制度，增强工作的针对性和有效性。

【点评】这则会议记录使用的是摘录要点法，即原意不变的前提下，只记录发言要点和决定事项。记录简明扼要，重点突出。

[会议记录练习]

请阅读下面情境，结合会议内容，整理撰写一份现场会议记录。

2018 年 1 月 21 日上午 9 点～11 点，北京某建筑有限公司年度工作会议在××大厦召开。此次会议对 2017 年总公司的工作进行了全面总结，明确指出了 2018 年工作指导思想和奋斗目标。

总公司党委书记、总经理赵××代表总公司做工作报告，会议由总公司副总经理张××主持。13 位董事会成员、总公司各部门副经理以上人员、全国各分公司副经理以上人员以及员工代表近 200 人参加了会议。

会上，张博文宣读了 2017 年度总公司各单位经营目标、工作任务完成情况和奖励决定。提出了 2018 年总公司工作的具体要求，与各分公司签订了 2018 年经营责任书。

单元小结

通过本单元的学习，从整体上了解了便条、单据、启事等几种主要常用的日常应用文的概念和特点；学习了这几类日常应用文的写作要求，为以后的学习和工作打下良好的基础。

职业模块：建筑文书

第 3 篇

教学单元6
认识建筑文书

Chapter 06

教学目标

1. 知识目标

了解建筑文书的定义和特点。

2. 能力目标

知晓建筑文书和一般应用文的区别，掌握建筑文书的写作要点；增强建筑文书写作的规范意识，提高建筑行业职业素养。

本单元主要介绍建筑文书的概念、特点及相关写作要点等基本知识，为重点掌握建筑文书进行理论教学。

单元6
导学

6.1　建筑文书概述

　　建筑文书是指在建筑行业用以协调和沟通业务关系的具有规范格式的书面文字材料。建筑文书可以是文本也可以是表单，它是行业性应用文，也是普通应用文的一个分支。

　　建筑文书虽然是行业性应用文，但与现实生活结合也很紧密，越来越普及。不仅建筑从业者需要了解掌握，对于我们普通人来讲，如家庭的装修、办公场所的扩建装修、招投标等，都需要对建筑文书有一定的了解。

6.2　建筑文书特点

　　建筑文书由于其特殊的专业性，其特点有以下几点：

　　（1）法律效力。绝大部分的建筑文书，不仅在行业中起到沟通协调的作用，更是具有法律效力的书面文字材料。例如合同类文书（施工合同、安装合同、劳务合同、监理合同等）是确定各方的权利义务的法律文书；单据表格类文书（开工令、报审表、报验单、催款函、工程变更单等）是单位之间沟通的凭证性条据，同样起着法律佐证的作用。

　　（2）全面复杂。建筑文书是根据整个工程的流程，全面记录期间的各类信息，并遵照建筑文书的整理规则，形成一整套完备的书面材料体系。建筑文书涉及工程的环节繁多，且种类复杂，规范要求又不尽相同，决定了建筑文书全面复杂的特点。

　　（3）广泛综合。建筑文书是连接建筑类个人、单位、行业、政府等多级别、多专业部门之间的书面纽带，起着重要的桥梁作用，因此具有广泛性和综合性的特点。

6.3 建筑文书写作要点

建筑文书写作时，应把握其特点，根据体例要求写作，具体来讲，就是要做到：

（1）注意时效要求。建筑文书是整个工程环节的文字反映，必须按照规定时限快速解决工程的当期实际问题。一旦工程进入下一环节，之前的文书就失去了现实效用，只能作为历史档案资料了。

（2）规范格式结构。建筑文书都有固定的范式和格式，有些是国家规定的示范文本，有些是行业约定俗成的惯用格式，有着明确的书写规范和要求。在应用时，须严格按照固定格式行文。

（3）内容真实完整。建筑文书必须如实反映建筑工程的各个环节，因此在行文时须实事求是。尤其是具有法律效力的建筑文书，更应谨慎行文，不可歪曲事实。在内容表达时，应完整切合实际，不可片面疏漏。

（4）文字言简意赅。建筑文书作为应用文的一个分支，其文字表述应简洁扼要，表达明确，用词准确，不可使用修辞方法，力求以最简洁的文字表达最精确的意义。

单元小结

建筑文书是指在建筑行业用以协调和沟通业务关系的具有规范格式的书面文字材料。建筑文书有全面复杂、应用广泛且有法律效力的特点，在行文时，要抓紧时效、使用规范的格式，实事求是地反映建筑工程的各个环节。

思考及练习

一、填空题

1. 建筑文书是_____用以协调和沟通_____的具有_____的书面

_____。

2. 建筑文书具有_____、全面复杂、_____等特点。

3. 建筑文书的写作要求有_____、内容真实、_____和文字简洁。

二、判断题

1. 建筑文书只能是文本材料。（　　）

2. 建筑文书是建筑行业文书，不属于普通应用文。（　　）

3. 施工合同不具备法律效力。（　　）

4. 工程一旦进入下一个环节，建筑文书就失去了现实效用。（　　）

5. 建筑文书有时可以根据需要，不按照固定的格式来书写。（　　）

三、简答题

1. 什么是建筑文书？

2. 建筑文书具有哪些特点？

3. 建筑文书有哪些写作要求？

Chapter 07

教学单元7

写作实操

 教学目标

1. 知识目标

了解在建筑行业中最重要的应用文书的种类和各种建筑文书的基本概念。

2. 能力目标

掌握各种建筑文书的书写格式和写作要求，并能独立写出相应的建筑应用文书，培养建筑专业素养和专业兴趣。

本单元主要介绍建筑文书写作，如建筑招标投标书、工程施工合同、技术交底记录、报审表、报验单、建筑工程报告、施工日志等，在写作时要注意遵守国家法律法规，符合行业规范要求等，语言规范、简洁有效。

单元7
导学

7.1　建筑招标投标书

在建筑应用文书中，招标投标书是非常常见的一种制式文书，建筑招标方通过公众媒体、政府网站或招投标网站、专业代理机构等对意向标的物进行招标，把招标标的的基本情况、要求资质、时限要求等列示，以吸引意向投标人前来应标，往往采用制式文书进行招投标活动，这种制式文书就是本节要着重讲述的内容。

1. 建筑招标书

建筑招标书，是建筑招标单位为选择优秀的建筑项目承包人而书写的一种公开告知性文书。建筑招标书中的开篇往往是以建筑招标公告、建筑招标通告、建筑招标启示等形式出现。

在写作时要注意：

第一，讲求效率。建筑招标工作往往要求在较短的时间内完成，而且必须在规定的时间内得到招标的结果，因此招标书必须注意时效性。

第二，形式公开。建筑招标工作所有的流程都必须公正公开，建筑招标书作为一种周知性文书，也要遵守公开原则，并接受相关单位的监督。

第三，内容严谨。建筑招标书具有法律效力，以遵守国家法律法规为前提，同时要求内容严谨，符合行业规范，技术质量标注明确。

第四，语言准确。建筑招标书行文要简明准确，避免歧义。

下面介绍建筑招标书中我们需掌握的一种文体——建筑招标公告的书写格式，招标通告、招标启示的格式也基本一致。

建筑招标公告由标题、正文、结尾三个部分组成。

（1）招标公告的标题

1）完全式标题：招标单位＋标的名称＋文种：如《××学校学生宿舍楼项目招标公告》。

2）不完全式标题：招标单位＋文种：如《××学校招标公告》；

　　　　　　　　　标的名称＋文种：如《学生宿舍楼项目招标公告》；

　　　　　　　　　文种：如《招标公告》。

（2）招标公告的正文

1）招标条件：说明是否已具备招标条件。

2）招标的项目概况：包含项目编号、项目地点、工程规模、总投资额、工期要求等基本内容。

3）投标人资格要求：对前来投标的单位（或个人）要求进行描述。

4）报名须知：描述投标报名的时间地点，投标相关文件的准备内容。

建筑招标
公告案例
分析

5）预付款和公告媒介：描述投标预付的缴纳方式和发布公告的媒介。

（3）结尾

结尾写明招标单位的联系人和联系方式。

【例7-1】

××学校学生宿舍楼项目招标公告	完全式标题
1. 招标条件	正文:
本招标项目××学校学生宿舍楼项目(项目名称)已由××发展和改革局文件以京发改【2020】60号(批文名称及编号)批准建设,项目业主为北京××学校,建设资金来自财政拨款(资金来源),招标人为北京××学校。项目已具备招标条件,现对该项目的施工进行公开(招标方式)招标。	1. 招标条件
2. 项目概况和招标范围	2. 项目概况
2.1 项目编号:京(施)招【2020】京031号。	
2.2 项目地点:北京××学校校园内。	
2.3 工程建设规模:北京××学校学生宿舍楼项目,新建设一幢5层学生宿舍,建筑面积约2072m²。	
2.4 工期要求:总工期180日历天。	
2.5 工程质量要求:符合工程施工质量验收规范合格标准。	
3. 投标人资格要求	3. 投标人资格要求
3.1 符合《中华人民共和国政府采购法》第二十二条规定条件,国内注册(指按国家有关规定要求注册的),具有法人资格的投标单位。	
3.2 拟投入工程的项目经理须具备建筑工程一级及以上注册建造师执业资格。	
3.3 投标人信息以北京建筑业企业诚信信息库为准。	
4. 报名须知	4. 报名须知
4.1 现场报名。凡有意参加投标者,请于2020年7月15日至2020年7月19日(法定公休日、法定节假日除外),每日上午9:00时至12:00时,下午15:00时至18:00时(北京时间,下同),由潜在投标人的委托代理人在××招标有限公司(北京市××区××路××号)进行现场报名。	
4.2 招标文件的获取:凡有意参加投标者,由本单位法定代表人或其授权代理人携带以下资料报名:(1)介绍信;(2)营业执照复印件;(3)施工单位	

续表

资质等级证书复印件；(4)施工单位安全生产许可证复印件；(5)单位资质等级证书复印件；(6)法定代表人身份证明书及身份证复印件；(7)拟投入本项目的项目经理的注册建造师证；安全生产考核合格证(B证)及身份证复印件；(8)拟投入本项目的项目负责人的职称证及身份证复印件；(9)拟投入本项目的项目经理在本单位缴纳的养老保险凭证复印件；(10)近三年的财务报表复印件。 4.3 预付款和进度款支付方式 预付款：支付 30％比例按工程进度付款或金额。 进度款支付方式：合同内按工程计量周期内完成工程量的 70％,合同外按工程计量周期完成工程量的 50％。 4.4 发布公告的媒介：本次招标公告同时在中国采购与招标网(http://www.chinabidding.com.cn)、××招标有限公司网(www.xx.com)发布。 5. 联系方式： 招标人：北京××学校　　招标代理机构：××招标有限公司 地址：北京市××路××号　地址：北京市××路××号 邮编：100001　　　　　邮编：100001 联系人：_____　　　联系人：_____ 电话：_____　　　　电话：_____ 传真：_____　　　　传真：_____ 　　　　　　　　　　2020 年 7 月 10 日	结尾 落款

2. 建筑投标书

建筑投标书，也叫投标函，是投标单位按照建筑招标单位提出的要求和条件，对投标项目做出相关说明的文书。建筑投标书既要表明投标单位愿意承担招标书中的任务，更要表明自己的优势所在，体现出竞争性。

建筑投标书的特点有：

第一，合法性。建筑投标书必须在国家法律法规的制约下行文，有固定的范式和要求。

第二，对应性。建筑投标书是对应招标单位提出的要求和条件来写作，有极强的针对性。

第三，全面性。建筑投标书应将本单位符合招标单位的条件和要求全面地展示出来，力求全面与详实。

第四，竞争性。为达到投标成功的目标，建筑投标书要充分显示本单位具备的优势，以期在竞争过程中取胜。

其基本格式为：

（1）标题

完全式标题：投标单位＋标的名称＋文种：如《××学校学生宿舍楼项目投标函》。

不完全式标题：投标单位＋文种：如《××建筑公司投标函》；

标的名称＋文种：如《学生宿舍楼项目投标函》；

文种：如《投标函》。

（2）主送机关

投标书的主送机关就是招标单位，顶格写招标单位的名称，如"××学校"等。

（3）正文

正文内容按照建筑招标单位的要求来写。包括：投标报价、工期及工程质量、投标保证金、中标后的态度等。书写的原则是必须根据招标单位的要求行文。

建筑投标
函案例
分析

（4）落款

写明投标单位、地址、电话、日期等。

（5）附录

附录是具体的说明材料，如保证金、施工情况、违约金、质量标准等。

【例 7-2】

××学校学生宿舍楼项目投标函	完全式标题
北京市××学校：	主送机关：招标单位
1. 根据你方招标工程项目编号为京发改【2020】60号的学生宿舍楼项目招标文件,遵照《中华人民共和国招标投标法》等有关规定,我方愿以（大写）人民币肆拾捌万伍仟壹佰零叁元肆角壹分,(小写)485103.41元的投标报价并按上述图纸、合同条款、工程建设标准和工程量清单的条件要求承包上述工程的施工、竣工,并承担任何质量缺陷保修责任。	正文 1. 投标报价
2. 我方保证合同协议书中规定的工期180日历天内完成并移交全部工程,确保工程质量等级达到合格标准。	2. 工期及工程质量
3. 随同本投标函提交投标保证金一份,金额为（大写）人民币肆万元（￥40000）。	3. 投标保证金
4. 如我方中标：	4. 中标后的态度
(1)我方承诺在收到中标通知书后,在中标通知书规定的期限内与你方签订合同。	

续表

(2)随同本投标函递交的投标函附录属于合同文件的组织部分。 (3)我方承诺按照招标文件规定向你方递交履约担保。 (4)我方承诺在合同约定期限内完成并移交全部合同工程。 投标人:北京市××建筑工程总公司(盖章) 单位地址:北京市××区××号 法定代表人或其委托代理人:＿＿＿＿＿＿(签字或盖章) 邮政编码:100001　电话:×××××××　传真:××××××× 开户银行名称: 开户银行账号: 开户银行地址: 　　　　　　　　　　　　　　2020 年 7 月 12 日	落款

投标函附录

序号	条款内容	合同条款号	约定内容	备注
1	工期	合同协议书第四条	天数:180 日历天	
2	误期违约金	合同专用部分 17.3.1	合同价款的万分之二/天	
3	质量等级	合同协议书第五条	合格	
4	质量违约金	合同专用部分 36.3.2	合同价款的 5%	
5	预付款额度	合同专用部分 33.1.2	合同价款的 30%	
6	质量保证金额度	合同专用部分 36.3.1	结算价的 5%	

备注:投标人在相应招标文件中规定的实质性要求和条件的基础上可做出其他有利于招标人的承诺。此类承诺可补充在备注处。

投标人 (盖章):

法人代表或委托代理人 (签字或盖章):

2020 年 7 月 12 日

思考及练习

一、简答题

1. 建筑招标书的写作要求是什么?

2. 建筑招标公告的写作格式是什么?

3. 建筑投标书的特点是什么?

4. 建筑投标函的书写格式是什么？

二、改错题

1. 下面是一则招标公告，请找出以下招标公告的错误之处。

实验室装修工程招标公告

1. 招标条件

本招标项目实验室部分工程，招标人（项目业主）为××有限公司，建设资金来自自筹资金，项目出资比例为100％。项目已具备招标条件，现对该项目的施工进行公开招标。

2. 投标人资格要求

符合《中华人民共和国政府采购法》第二十二条规定条件，国内注册（指按国家有关规定要求注册的），具有法人资格的投标单位。

3. 投标报名

现场报名。

4. 招标文件的获取

凡有意参加投标者，由本单位法定代表人或其授权代理人携带以下资料报名：①介绍信；②授权委托书（委托报名时提供）；③联合体协议书（如有）；④营业执照复印件；⑤施工单位资质等级证书复印件；⑥施工单位安全生产许可证复印件；⑦单位资质等级证书复印件；⑧法定代表人身份证明书及身份证复印件；⑨拟投入本项目的项目经理的注册建造师证、安全生产考核合格证（B证）及身份证复印件；⑩拟投入本项目的项目负责人的职称证及身份证复印件；⑪拟投入本项目的项目经理在本单位缴纳的养老保险凭证复印件；⑫近三年的财务报表复印件。

5. 发布公告的媒介

本次招标公告同时在中国采购与招标网（http：//www.chinabidding.com.cn）、×××招标有限公司网（http：//www.××××.com）发布。

传　　真：_____

2020 年 7 月 20 日

2. 下面是一则工程投标函，请说出此函的不妥之处。

投标函

××公司：

在考察现场并充分研究上述工程的投标须知、合同条款、技术标准和要求、图纸、工程量清单及招标文件中规定的其他要求和条件后，我们决定实施、完成本工程并修补其任何质量缺陷。

如果我方中标，我方保证在 131 天（日历日）内竣工，确保工程质量等级达到合格标准。我方同意本投标函在招标文件规定的提交投标文件截止时间后，在招标文件规定的投标有效期期满前对我方具有约束力，且随时准备接受你方发出的中标通知书。

在签署协议之前，你方的中标通知书连同本投标函，包括其所有附属文件，将构成双方之间具有约束力的合同文件。

投标人（盖章）：

法人代表或委托代理人（签字或盖章）：

2020 年 9 月 8 日

三、写作题

1. 请根据以下材料，以××学校的名义，写一份招标公告。具体内容可以自拟

经有关单位批准，你所在的学校要新建一栋图书馆。建筑面积为 30000m²，楼高为 5 层，工期 180 天（日历天），建筑地点在你学校的所在地。要求具有国家承认的资质的建筑单位投标。投标者需于××××年×月×日前到××处与你学校的相关负责人面谈。联系人：×老师。联系电话：××××××。

2. 请根据以下材料，以××建筑公司的名义，写一份投标函。具体内容可以自拟

假如你正在××建筑公司实习，你们公司经过勘察决定去投标××学校图

书馆项目，请你以公司的名义，写一份××学校图书馆的投标函。××学校图书馆建筑面积为 $30000m^2$，楼高为 5 层，工期 180 天（日历天），建筑地点在你公司所在地的××学校校园内，投标金额为人民币 500000 元整，投标保证金为人民币 50000 元整。投标人为××建筑公司，法定代表为李××，联系电话：×××××。

7.2 建设工程施工合同

建设工程施工合同是建设单位（发包方）和施工单位（承包方）为完成既定的工程项目，确定双方权利和义务的施工协议。建设单位（发包方）和施工单位（承包方）在合同中分别体现为甲方和乙方，双方作为平等的民事主体，签订的施工合同，是工程施工中控制投资、控制进度、控制质量等行为的准则，也是协调双方关系、解决矛盾纠纷的法律依据。

建设工程施工合同的特点主要有以下几个方面：

第一，建设工程施工合同标的的特殊性。建设工程施工合同的标的是建筑产品，而建筑产品是体积庞大的单体性生产，不能重复替代。且建筑产品包括的类型非常多，各种房屋土方等，是一次性投资巨大的标的物。国家对建筑产品的质量和验收有着明确的规定标准及程序，以上决定了施工合同标的的特殊性。

第二，建设工程施工合同主体的特殊性。建设工程施工合同的签订双方，必须符合国家的强制规定，要达到一定的条件才能成为合同的主体。建筑施工的发包方必须具有组织工程建设和管理能力，同时能如期支付工程款；建筑施工的承包方，要具备与工程类相适应的资质条件，同时具备工程建设的能力，有法人资格，能承担法律责任。

第三，建设工程施工合同的执行周期长。建筑工程施工周期，少则几个月，多则几十年，工程面临各种复杂的自然和社会环境，且有不可预见的因素，这不仅会让工期延长，也会让建设工程施工合同承受一定的风险。

第四，建设工程施工合同的内容复杂。建筑工程施工涉及面非常广，包括技术、经济、法律、商务活动等，因此施工合同要协调的关系也非常庞杂，这要求施工合同在符合国家规定的情况下必须具体、严谨、全面。

第五，建设工程施工合同的监督非常严格。基于建筑施工合同在执行过程中遭遇的不可预见因素较多，为保障合同各方的合法权益，国家对施工合同监管十分严格。国家对合同的主体资质、订立过程、履行过程都会全程监控。

建设工程施工合同在写作时，应注意符合相关规范和要求，具体来讲：

一是符合国家法律及相关规定。因建设工程施工合同是协调建筑工程发包方和承包方关系的最高标准，具有法律效力。因此在订立时必须符合国家的相关法律法规，同时须符合现行行业的各项规定。

二是体现合同的平等诚信原则。建设工程施工合同作为经济合同的一类，必须遵守合同在签订时的平等自愿及诚实守信原则，协商互利，责任明晰。

三是内容详细准确，条款清楚明确。因建设工程施工合同所涉及的内容庞杂，需要协调的关系复杂，决定了合同必须详尽准确，内容齐全，条款完整，定义清楚，不能产生歧义。

四是格式规范行文严谨。建设工程施工合同须按执行国家标准，严肃行文。为规范建筑市场秩序，维护建设工程施工合同当事人的合法权益，住房和城乡建设部工商总局在 2017 年 10 月 1 日要求执行《建设工程施工合同（示范文本）》GF-2017-0201，2013 年版的《建设工程施工合同（示范文本）》废除。

2017 年住房和城乡建设部、国家工商行政管理总局联合制定了《建设工程施工合同（示范文本）》，该文本由三个部分组成，分别为合同协议书、通用合同条款和专用合同条款三部分。其中，通用合同条款是合同当事人就工程建设的实施及相关事项，作出的原则性约定；专用合同条款是对通用合同条款原则性约定的细化、完善、补充、修改或另行约定的条款。合同协议书集中约定了合同当事人基本的合同权利义务，是合同生效条件的最重要部分。以下给大家介绍合同协议书的写作格式：

1. 标题

合同协议书一般饱含在建设工程施工合同内，标题一般非常的简明扼要，第一行居中写即可。

2. 正文

合同协议书的正文共计 13 条，主要包括以下内容：合同双方、工程概况、合同工期、质量标准、签约合同价和合同价格形式、项目经理、合同文件构

建设工程
施工合同
协议书文
本分析

成、承诺、词语含义、签订时间、签订地点、补充协议、合同生效以及合同份数。

3. 结尾

结尾处包括署名和日期，相关的盖章等。

【例 7-3】

合同协议书	标题
发包人（全称）：_____公司 承包人（全称）：_____公司	合同协议双方
根据《中华人民共和国民法典》《中华人民共和国建筑法》及有关法律规定，遵循平等、自愿、公平和诚实信用的原则，双方就××学生宿舍楼工程施工及有关事项协商一致，共同达成如下协议： 一、工程概况 1. 工程名称：××学生宿舍楼工程。 2. 工程地点：_____。 3. 工程立项批准文号：_____。 4. 资金来源：自筹资金。 5. 工程内容：大楼总建筑面积约为 9210m²，共四层。一层标高 6.5m，其他楼层标高 4.5m。 群体工程应附《承包人承揽工程项目一览表》（附件 1）。 6. 工程承包范围： 施工图范围内宿舍楼整体工程，具体内容以图纸、技术要求及工程量清单为准。	正文 1. 工程概况
二、合同工期 计划开工日期：____年____月____日。 计划竣工日期：____年____月____日。 工期总日历天数：_____天。工期总日历天数与根据前述计划开竣工日期计算的工期天数不一致的，以工期总日历天数为准。	2. 合同工期
三、质量标准 工程质量符合____合格____标准。	3. 质量标准
四、签约合同价与合同价格形式 1. 签约合同价为： 人民币（大写）_____（_____元）； 其中： (1) 安全文明施工费： 人民币（大写）_____（_____元）；	4. 签约合同价与合同价格形式

（2）工程劳保费： 人民币（大写）＿＿＿＿＿＿＿＿（＿＿＿＿元）； （3）材料和工程设备暂估价金额： 人民币（大写）＿＿＿＿＿＿＿＿（＿＿＿＿元）； （4）专业工程暂估价金额： 人民币（大写）＿＿＿＿＿＿＿＿（＿＿＿＿元）； （5）暂列金额： 人民币（大写）＿＿＿＿＿＿＿＿（＿＿＿＿元）。 2. 合同价格形式：＿＿＿＿＿＿＿＿。	
五、项目经理 承包人项目经理：＿＿＿＿＿＿＿＿＿＿＿＿＿。	5. 项目经理
六、合同文件构成 本协议书与下列文件一起构成合同文件： （1）中标通知书（如果有）； （2）投标函及其附录（如果有）； （3）专用合同条款及其附件； （4）通用合同条款； （5）技术标准和要求； （6）已标价工程量清单或预算书； （7）图纸； （8）其他合同文件。 在合同订立及履行过程中形成的与合同有关的文件均构成合同文件组成部分。上述各项合同文件包括合同当事人就该项合同文件所作出的补充和修改，属于同一类内容的文件，应以最新签署的为准。专用合同条款及其附件须经合同当事人签字或盖章。	6. 合同文件构成
七、承诺 1. 发包人承诺按照法律规定履行项目审批手续、筹集工程建设资金并按照合同约定的期限和方式支付合同价款。 2. 承包人承诺按照法律规定及合同约定组织完成工程施工，确保工程质量和安全，不进行转包及违法分包，并在缺陷责任期及保修期内承担相应的工程维修责任。 3. 发包人和承包人通过招投标形式签订合同的，双方理解并承诺不再就同一工程另行签订与合同实质性内容相背离的协议。	7. 承诺
八、词语含义 本协议书中词语含义与第二部分通用合同条款中赋予的含义相同。	8. 词语含义
九、签订时间 本合同于＿＿＿＿年＿＿月＿＿日签订。	9. 签订时间
十、签订地点 本合同在＿＿＿＿＿＿＿＿＿＿＿＿签订。	10. 签订地点
十一、补充协议 合同未尽事宜，合同当事人另行签订补充协议，补充协议是合同的组成部分。	11. 补充协议
十二、合同生效 本合同自＿＿＿＿＿＿＿＿＿＿＿＿生效。	12. 合同生效

续表

十三、合同份数 本合同一式＿＿＿份，均具有同等法律效力，发包人执＿＿＿份，承包人执＿＿＿份。 发包人：(公章)　　　　　承包人：(公章) 法定代表人或其委托代理人：　　法定代表人或其委托代理人： 　　(签字)　　　　　　　　　　(签字) 组织机构代码：＿＿＿＿＿＿＿　　组织机构代码：＿＿＿＿＿＿＿ 地　　　址：＿＿＿＿＿＿＿　　地　　　址：＿＿＿＿＿＿＿ 法定代表人：＿＿＿＿＿＿＿　　法定代表人：＿＿＿＿＿＿＿ 委托代理人：＿＿＿＿＿＿＿　　委托代理人：＿＿＿＿＿＿＿ 电　　　话：＿＿＿＿＿＿＿　　电　　　话：＿＿＿＿＿＿＿ 电子信箱：＿＿＿＿＿＿＿　　电子信箱：＿＿＿＿＿＿＿ 开户银行：＿＿＿＿＿＿＿　　开户银行：＿＿＿＿＿＿＿ 账　　　号：＿＿＿＿＿＿＿　　账　　　号：＿＿＿＿＿＿＿	13. 合同份数 结尾： 署名 其他相关信息

思考及练习 🔍

请根据以下材料，以××学校的名义，与××建筑公司签订一份建设工程施工合同。具体内容可以自拟。

经有关单位批准，你所在的学校要新建一栋图书馆。资金来源为自筹，建筑面积为 30000m^2，楼高为 5 层，工期 180 天（日历天），建筑地点在你学校的所在地。签约的合同价为 100 万元，签订地点在你学校的第一会议室。学校的法定代表人为王校长，公司的法定代表人为李经理，联系电话：××××××。

7.3　建筑技术交底记录

建筑技术交底记录，是在工程开工前由设计单位或施工单位的技术负责人，编写的一系列技术性交代记录。技术交底记录要求逐级下发至基层施工人员，其目的是要求参与施工任务的所有人员都明确自己承担的工程任务的技术标准。技术交底记录的传递是把设计要求、施工措施贯彻到基层工人的有效方法。它是工程技术档案资料中不可缺少的部分。

建筑技术交底有一个非常重要的分级制度，具体为：

第一级：项目施工技术总体交底。由项目总工对工程总体情况向各部门负责人、分项工程负责人及全体管理人员进行全面技术交底。

第二级：项目分项工程技术交底。总工程师或工程部长在分部工程施工前，以各分项工程为单元向分项工程技术负责人和技术人员进行交底。

第三级：项目工程基层技术交底。分项工程技术负责人或现场工程师（技术负责人）向技术员、工长或基层操作人员进行技术交底。

以上三级交底中，如涉及采用新材料、新工艺、新技术的内容，或是易出现质量通病的工程，以及整体项目中的重大工程、重要分项工程，应由总工程师亲自交底。

建筑技术交底记录一般以表格的形式出现，表格形式多样，但基本格式都包括以下几个方面：

1. 标题：标题有四种写法。

（1）施工部位名称＋技术交底记录，如"宿舍楼结构技术交底记录"。

（2）施工工种＋技术交底记录，如"土方开挖技术交底记录"。

（3）施工工序＋技术交底记录，如"水稳基层技术交底记录"。

（4）技术交底记录，如"技术交底记录"。

2. 表头：包括工程名称、交底部位、施工单位、交底日期。

3. 主体：即交底的内容，交底的内容一般有：

（1）施工准备

（2）施工方法、操作工艺、关键性的施工技术等

（3）质量标准和应注意的质量问题

（4）成品保护，进度要求等

（5）安全技术交底

（6）环境保护

4. 表尾：包括交底人、质量检查员、安全员、接受交底人。需要各方一

一签字确认。

【例 7-4】

钢筋技术交底记录　　（标题：工种＋技术交底记录）

工程名称	××学校学生宿舍楼	交底部位	钢筋加工
施工单位	××建工集团有限公司	交底日期	××××年×月×日

交底内容：

一、施工准备

1. 材料及要机具

(1)钢筋：钢筋应有出厂合格证，按规定力学性能复试。

(2)工具：切断机、弯曲机、调直机。

2. 作业条件：核对钢筋级别、型号、形状、尺寸数量是否与设计图纸及加工料单相同。

二、操作工艺

1. 根据图纸及加工料单，准确进行下料。

2. 钢筋外表有铁锈时，应清理干净，锈蚀严重不得使用，钢筋加工的形状、尺寸符合设计要求。

3. 钢筋应平直，无局部曲折。

4. 根据钢筋直经不同，选用相应直径的轴。

三、质量标准

1. 钢筋的品种和质量必须符合设计要求和有关规定，钢筋制作前必须经过化学成分检验；符合有关规定后方可加工；检验方法：检查出厂合格证及试验报告。

2. 采用冷拉方法调直时，Ⅰ级钢筋的冷拉率不宜大于 4‰。

3. Ⅰ级钢筋末端需做 $180°$ 弯钩，其圆弧弯曲直径 D 不应小于钢筋直径 d 的 2.5 倍，平直部分长度不宜小于钢筋直径 d 的 3 倍。

四、成品保护

1. 钢筋按规格、尺寸、分别堆入整齐，下部放置垫木，防止泡水、锈蚀。

2. 箍筋按型号分别码放在框架上，并搭设雨篷。

五、应注意的质量问题

1. 下料时严格按图纸及下料单，保证下料长度准确。

2. 制作弯起钢筋时，应划线并选用相应的工具，防止成品钢筋尺寸不符。

六、安全交底

1. 进入施工现场必须戴好安全帽。

2. 工作时应穿布鞋，严禁穿有跟鞋，防止钉子扎入或摔到。

3. 所有电线的布设均由专业电工进行布设，严禁非专业电工移动布设好的线路。

4. 机械设备需定时保养，以保证正常安全使用。

5. 操作面上部搭设防护棚，防止高空落物。

6. 推运铁时，注意不得碰撞配电箱盘。

七、环境保护

1. 施工时要文明施工轻拿轻放，严禁猛砸狠敲，尽量减少噪声。

2. 夜间施工时应对灯具进行调整，控制灯光，以免影响他人。

交底人		质量检查员		安全员	
接受交底人 签名					

思考及练习 🔍

改错题

以下是一份技术交底记录，请指出它的错误之处，并加以更正。

技术交底

工程名称	

一、百年大计，质量第一，质量不仅是企业生存之本，对于学校也关乎千家万户孩子的安全，因此责任重大，相关参见人员要有强烈的责任意识，施工前要认真熟悉图纸、规范及规程，在各项工作施工前，编制好严谨、具体、科学合理的施工方案，并报经公司总工和项目总监理工程审批通过后，认真组织实施。

二、认真做好三级施工技术交底和安全技术交底，做好入场工人技术培训和入场安全教育。

三、按施工方案，技术要求和施工设计组织施工，严格执行施工验收规范和质量检验、评定标准，以及相关规定。

四、负责核对工程材料、构件等的数量、规格、型号以及混凝土、砂浆试配工作。检查班组的施工质量，组织班组进行质量自检、互检、专检，建立完善各项规章制度。

五、参加质量检查活动和技术会议，参与监理组织的质量检查与评定工作，以及各阶段工程验收工作。

六、负责现场文明施工及安全措施的实施，以及为资料员提供数据。

七、施工安排

施工"先地上，后地下，先主体，后装修"，安装与主体密切配合流水作业，对该工程砌砖、模板、钢筋、混凝土、抹灰及水电安装各工种互相配合，合理安排穿插流水作业。

八、混凝土、砂浆、试块留置方法，组数要正确，数量必须充足及时送检，及时取回做28天强度评定。

九、按监理要求指导资料员按程序，随工程进度进行各种资料报验，及时收集整理各种资料，保证各项资料真实、完整、齐全。

十、进行技术交底的同时，必须强调安全技术措施，牢固安全第一的思想，要坚决杜绝违章指挥、违章作业。

7.4　报审表

报审表是施工单位在完成施工准备并取得施工许可证之后，向项目监理机构报送的一系列资料和表格，其目的在于请求监理机构审核并批准报审的相关项目。施工单位需要用到的报审表包括：工程开工/复工报审表、施工组织设计报审表、分包单位资格报审表、工程材料/构配件/设备报审表、委托试验单位资格报审表、人员进场报审表、施工测量放样报审表、工程进度计划报审表等。

开工报审表用于工程项目的开工或者复工的报审工作。施工单位将相关的开工条件上报给监理机构，由其审核并批复是否开工，并开具开工报告，这也是工期计算的开始。

报审表主要包括以下内容：

1. 表头

表头由标题、工程名称和文件编号三部分组成。使用标题时，若是开工，请用"工程开工报审表"，删除"复工"二字；若是复工，则删除"开工"二字。工程名称则相应的建设项目的工程全称。文件编号应该按照文件的类别＋文件所在类别序号填写。

2. 主送单位

主送单位是该施工项目的监理单位，第一行顶格写："致××××监理公司："。

3. 正文

正文包括请求意愿及附件两部分。请示意愿表达的比较简洁，是固定的格式语言。一般写成"我方承担的××××工程，已完成了以下各项工作，具备了开工/复工条件，特此申请施工，请核查签发开工/复工指令。"而附件在表格中仅列举出来，具体的内容会作为补充材料放置在报审表的后面做补充说明。

4. 落款

落款为承包单位、项目经理和日期三个项目，一一如实填报即可。为了方便使用和便于资料管理，报审表的底部设计为监理机构的审查意见和落款栏。

5. 审查意见

审查意见留空，由监理机构对相关事项进行审查后，向总监理工程师汇报，总监理工程师给予确认开工/复工，或提出修改意见。总监理工程师会按施工合同约定的时间段内予以审批。

开工报审
表案例
分析

【例7-5】

工程开工报审表（标题：注意是开工还是复工报审表）

项目名称：××学校学生宿舍楼工程（注意写全称）　　　编号：A1.1.2

致××建筑监理公司：　　　　　　　　　　　　　　（主送单位："致"顶格写，单位写全称）
我方承担的　××学校学生宿舍楼　工程，已完成了以下各项工作，具备了开工条件，特此申请 施工，请核查并签发开工指令。　　　　　　　　　　　（正文：表达请求的意愿） 　　附：1. 开工报告 　　　　2.（证明文件）　　　　　　　　　　　　　（正文附件：只列举附件的项目）   　　　　　　　　　　　　　　　　　承包单位（章）：××第一建筑公司 　　　　　　　　　　　　　　　　　　　　项目经理：李×× 　　　　　　　　　　　　　　　　　　　　日　　期：20××年×月×日
审核意见： 　　××学校学生宿舍楼工程项目部，你单位报送的《××学校学生宿舍楼施工开工报告》和相关证 明文件经审查，并经施工现场实地查验，完全符合开工要求，同意开工。   　　　　　　　　　　监理单位（章）：　中国建筑监理公司　　日期20××年×月×日 　　　　　　　　　　总监理工程师：　　　王××　　　　　日期20××年×月×日

思考及练习

一、改错题

以下是一则开工报审表，请你指出它的错误，并加以更正。

工程开工/复工报审表

致××监理公司： 　　我方承担的　××　工程，已完成了以下各项工作，具备了开工条件，特此申请施工，请核查并 签发开工指令。 　　附：1. 开工报告 　　　　2.（证明文件）   　　　　　　　　　　　　　　　　　承包单位（章）：××建筑公司 　　　　　　　　　　　　　　　　　　　　日　　期：20××年×月×日

续表

审核意见：
××工程项目部，你单位报送的《××工程开工报告》和相关证明文件经审查，并经施工现场实地查验，完全符合开工要求，同意开工。   监理单位（章）：××建筑监理公司 日期20××年×月×日

二、写作题

请根据以下信息，写一份节后复工报审表。工程名称：××小区1号楼建设工程；编号：001，监理单位：北京市××工程监理有限公司；暂停施工原因：春节放假。附件：具备复工条件的情况说明；施工单位：北京市第一建筑公司；项目经理：李××；总监理工程师：王××。

7.5 报验单

建筑工程报验单也叫工程检验申请批复单，是施工单位向监理机构提出审核及批复申请的文字材料。按照请求审核标的物的不同，建筑工程报验单可分为工程材料（配件、设备）报验单；工程项目（子单位、分项等）报验单；工程过程（模板安装、混凝土浇筑等）报验单。工程在进行中的每道程序、每个项目、每个材料都需要有报验的过程，施工过程中重要的文字材料，也是存档不可缺少的资料。

工序报验单是工程报验单的一个类型，是施工单位向监理机构提出的下一步工序申请的表单，监理机构会在约定时间内给予是否同意工序进行的批复。

建筑工程报审表和报验单容易混淆，其主要区别在于：

一、主送单位不同：报审表的主送单位是建设单位（发包方）和监理机构，两个单位；而报验单只需向监理机构提出申请即可。

二、使用范围不同：报审表一般按照建设施工合同或协议中的规定进行报审，如施工组织设计报审、材料报审、施工定位放线报审等；报验单是在工程进行中的每道程序、每个项目、每个材料都需要有报验。

三、审核意见签发人不同：报审表必须有总监理工程师签署审核意见；报验单只需要一般的监理工程师签发意见即可。

四、使用的阶段不同：报审表是在报审项目施工之前进行报审，经过审核通过后，才能进行工程施工；报验单是在各个项目施工完成阶段性工程（或材料需要进场）后，申请监理来进行查验的申请类单据。

报验单主要包含以下内容：

1. 表头

表头由标题、工程名称和文件编号三部分组成。标题为"××工程工序报验单"，居中，工程名称则是相应的建设项目的工程全称。

2. 主送单位

主送单位是该施工项目的监理单位，第一行顶格写："致××××监理公司："。

3. 正文

正文须写清需要报验的工序具体名称，并表达请求审核的意愿。请求意愿表达的比较简洁，是固定的格式语言。一般写成"根据设计要求和施工技术规范要求，已完成××××年××××工程的单项工序，并经自检合格，报请检验本工序：××××工程。"除了报请现已完成的工序，一般还会申报接下来工序的内容。

4. 落款

落款为施工单位、技术负责人和日期三个项目，一一如实填报即可。为了方便使用和便于资料管理，报审表的底部设计为监理机构的审查意见和落款栏。

5. 审查意见

审查意见留空，由监理机构派出相应的监理工程师对相关工序进行审查后，给予确认同意或整改的意见。

工序报验
单案例
分析

【例 7-6】

工程工序报验单　　　（标题：居中写）

工程名称：××××年 WCDMA 移动基站传输接入工程（注意写全称）

编号：A3.5　Z　—001

致陕西中基建设监理咨询有限公司：　　　　　　　　（主送单位："致"顶格写，单位写全称）

　　根据设计要求和施工技术规范要求，已完成××××年 WCDMA 移动基站传输接入工程的单项工序，并经自检合格，报请检验本工序：新立电标。　　　　　　　　（正文：表达请求的意愿）

施工单位：

技术负责人：

日　　期：　　　年　　月　　日

下道工序申报内容（正文：申报下道工序的内容）

挖拉线坑、制作各种拉线

施工单位：

技术负责人：

日　　期：　　　年　　月　　日

监理工程师审查意见：

项目监理机构：

监理工程师：

日　　期：

思考及练习

一、简答题

1. 建筑工程报验单的含义是什么？

2. 简述报审表和报验单的不同点。

二、实训写作题

××学校的学生宿舍主体楼于××××年 5 月 22 日建设工程完工，北京市××建设集团有限公司经过自检认为合格，请代该公司设计一份报验单，将上述情况报中信建筑监理公司进行核验。

7.6 建筑工程施工日志

建筑工程施工日志（以下简称施工日志），也称施工日记，是在项目施工过程中所有施工活动和现场情况的实时性综合记录。施工日志不仅是整个施工阶段组织管理中非常重要的文字材料，也是竣工验收资料的组成部分。

施工日志的内涵主要有：

第一，施工日志是第一手资料。施工日志的不间断记录和详尽记录的要求，是反映整个施工过程中的每个环节的第一手资料。

第二，施工日志是安全保障记录。施工日志要求记录在施工现场发生的各种违规操作、安全隐患问题，并对问题进行处理和排除。

第三，施工日志是有效的凭证。施工日志每天记录工程工作量、机械设备进场情况，为工资核算及机械设备成本管理提供依据；施工日志记录施工所有工作，是衡量施工是否与设计相符、施工是否达到规范的有效凭证。

施工日志的内容可分为三类：基本内容、生产情况、技术质量工作。

1. 基本内容

（1）日期、星期、气象、平均温度。

（2）施工部位：填写当日主要施工部位及各工种穿插部位。

（3）出勤人数操作负责人。

2. 生产情况

（1）施工内容：详细记录当日所施工的全部工作内容。

（2）机械作业：记录当日所使用机械的情况，以及有无进场、退场的情况。

（3）班组工作：记录每个施工班组的工作情况，以及对班组是否进行了安全及质量交底情况。

（4）生产存在问题：主要反映在生产过程中存在的问题。如：进度、安全、文明施工情况等出现的问题，以及如何解决。

3. 技术质量工作

（1）按施工部位流程如实填写技术质量。

（2）施工工序验收：工序自检、工序质量检验描述、发现质量不合格的处理措施等。

（3）材料进厂验收与复试：现场材料检验描述等。

（4）施工过程数据收集：定期对施工工序等进行数据统计。

（5）分部工程验收情况描述：施工方案实施等相关资料的内容均与当日的施工日志中的施工部位等相对应。

（6）成品保护要求：专业应相互合作，加强沟通，如水电管线预埋工作应及时与土建工种取得联系，搞好预埋，避免事后开凿，对结构及防水等造成不利影响。

施工日志一般为制式结构，其填写要求规范简洁，在填写时，要注意：一是书写时一定要字迹工整、清晰；二是当日的主要施工内容一定要与施工部位相对应；三是其他检查记录一定要具体详细，不能泛泛而谈；四是真实逐日记录，不允许中断。

建筑工程
施工日志
案例分析

【例 7-7】

施工日志单

日　期	天气状况	风　力	最高/最低温度	备注
××××年×月××日	多云转晴	北风3～4级	20/6℃	

生产情况记录：

一、工区测量班进行K×××号墩桩基放样
  1. 参加人员：技术负责人：×××　　　测量工程师：×××　　　　　　（工作内容和班组情况）
          测量班长×××　测量工：×××　　　　×××　　×××
  2. 桩基班：×××　　　　　监理工程师：×××
二、钻机安装及就位
  1. 桩基工班进行钻机安装及就位；
  2. 施工人员：工班长：×××　　作业人员：×××　×××等　　　（机械进场记录）
  3. 机　械：旋挖钻机（型号：×××），1台
  4. 施工内容：
  ①钻机司机首先检查场地平整，稳固情况，发现有局部软弱，随即进行了夯实处理。
  ②上午11：30钻机就位，进行试运转，电力及机械系统运转正常。　　（具体施工内容）

续表

技术质量安全工作记录：			
1. 钻机就位后，对钻头、钻杆中心与钢护筒中心进行了检查，偏差×cm，符合规范要求。检查人员：××× 2. 监理工程师×××，现场检查钻机情况，钢筋安装情况，评定合格。有关检验批资料现场签字，同意开钻。 3. 施工中安全质量可控，无安全质量问题。			（施工检查及处理措施）
工程负责人		施工员	

思考及练习

一、简答题

1. 施工日志的定义是什么？

2. 施工日志的内涵包括哪些内容？

3. 施工日志的填写要求有哪些？

二、改错题

下面是一份施工日志，请同学们指出存在的问题，并加以更正。

施工日志

日期	天气状况	风力	最高/最低温度	备注
××××年×月××日	小雨	南风4～5级	12/3℃	
生产情况记录： 1-11/A-D轴土方开挖 基坑支护 施工降水				
技术质量安全工作记录： 无				
工程负责人		施工员		

7.7 建筑工程报告

建筑工程报告是建筑单位（如施工方）向上级监管部门（如监理机构）汇报工作、反映情况，提出意见或者建议，以及答复上级监管部门询问的陈述性公文。

建筑工程报告的特点有其独特的特点，具体为：

第一，内容的汇报性。建筑工程报告都是建筑单位向上级监管部门汇报工作，让监管部门掌握相应工程的基本情况。

第二，语言的陈述性。建筑工程报告是向上级监管部门叙述自己做了哪些工程项目，项目的质量和完成情况如何，有什么新情况、新经验，用了哪些新设备新仪器等。工程报告的行文都采用陈述性的语言，无需使用文学语言和文学修饰词。

第三，行文的单向性。建筑工程报告是下级单位向上级监管部门的行文，是上行文，只需要将情况汇报给上级即可，一般不需要上级批复，属于单向行文。

第四，成文的事后性。建筑工程多数报告都是在项目（或子项目）完成后（阶段性完成）后，向上级监管部门作出的汇报，是事后或事中行文。

建筑工程报告类型繁多，常用的工程报告类型有：

一是工程开工前的开工报告。开工报告是由建设项目承包商申请，并经业主批准而正式进行拟建项目永久性工程施工的报告。

二是质量验收时的主体结构分部工程质量验收报告。是工程项目的主体结构的分部工程完成后，建设单位应组织有关单位进行质量验收，并按规定的内容填写并签署意见的文书。

三是施工过程中的工程质量事故处理报告。工程质量事故处理报告是指对施工过程中造成的工程质量不符合规程等危害事件，向上级汇报的文书。

四是工程竣工后的工程竣工报告。竣工验收报告是工程项目竣工之后，经过相关部门成立的专门验收机构，组织专家进行质量评估验收以后形成的书面报告。

我们以工程竣工报告为例，为大家介绍一般格式。

1. 标题

（1）项目＋工程竣工报告。如"××学生宿舍楼工程竣工报告"。

（2）工程竣工报告。如"工程竣工报告"。

2. 正文

（1）工程概况。

1）工程前期工作及实施情况。

2）设计、施工、总承包、建设监理、设备供应商、质量监督机构等单位名称。

3）各单项工程的开工及完工日期。

（2）施工主要依据。

简要说明工程竣工验收报告项目可行性研究报告批复或计划任务书和核准单位及批准文号，规定的建设规模及生产能力，建设项目的包干协议主要内容。

（3）工程技术措施及施工质量管理情况。

1）质量控制措施。

2）工程材料采购和供应情况。

3）施工质量管理方面。

（4）各分部工程质量情况。

（5）单位工程观感质量情况。

（6）节能工程。

（7）单位工程总体质量情况。

（8）技术、质量资料及施工管理资料。

3. 落款：工程施工公司全称、日期。

【例 7-8】

工程竣工报告	标题
一、工程概况 本工程（××市××学校教学楼）由××市××学校建设，设计单位是××市建筑设计研究院，勘察单位是××市建筑设计研究院，施工单位是××市××工程有限公司，监理单位是××工程管理有限公司。本工程××××年×月×日开工至××××年×月×日竣工。	正文： 一、工程概况

该工程位于××市××学校院内，框混三层，建筑面积 1896.70m²。基础垫层为 C15，基础、框架梁和柱 C30，其余均为 C25。±0.000 以下为 M10 水泥砂浆，主体一至三层为 M10 混合砂浆。	
二、施工主要依据	二、施工依据
1. 合同范围内的全部工程及所有设计图纸及变更通知文件，其中地基基础、主体结构，室内外一般抹灰、楼地面找平层；水、电安装由我公司自行完成，其余分部分项由建设单位选定专业施工单位进行分包施工。室外工程、消防等由建设单位另行指定单位施工。	
2. 分项、分部、单位工程质量满足合同要求，执行国家现行《建筑工程施工质量验收统一标准》GB 50300—2013 和达到国家强制性标准要求。	
3. 设备安装、调试符合现行有关规范、标准、并满足合同要求。	
4. 管理体系以 ISO9001 标准和我公司的 SC－2020 质量文件为依据，严格执行施工图纸文件和变更通知、施工合同要求及国家的有关法律、法规。	
三、工程技术措施及施工质量管理情况	三、工程技术措施及施工质量管理情况
（一）质量控制措施	
我们在施工现场建立了完善的质量保证体系和安全管理体系，严格遵守《中华人民共和国建筑法》《建设工程质量管理条例》和国家现行施工质量验收规范；按照《建筑工程施工质量验收统一标准》GB 50300—2013 的规范进行质量验收，没有违反工程建设标准强制性条文。	
（二）工程材料采购和供应情况	
钢材全部为合格产品，均已抽样进行复检试验。水泥有合格证和进场复检报告。砂、石进场均取样进行化验、筛分、试配。混凝土试块有见证取样送检报告，抗压强度经评定全部合格。	
（三）施工质量管理方面	
钢筋工程：柱筋采用双面搭接焊，合格率 100%；梁板柱钢筋品种规格，在我们项目部质量员自检的基础上，又经监理公司，甲方代表再次复查无误符合设计及规范要求，并办理了隐蔽工程签证手续。	
质量保证资料统计情况：混凝土试块共取样 8 组，试块抗压强度全部合格，合格率 100%。钢材、水泥、砖、防水等原材料出厂合格证及进场检（试）验报告 23 份，试验资料全部合格，合格率 100%。	
四、各分部工程质量情况	四、各分部工程质量情况：可根据实际情况进行删减
本工程我公司承担共计 6 个分部施工任务，分别为地基与基础、主体结构、建筑装饰装修、建筑屋面、建筑给水排水及采暖、建筑电气。单位工程各分部评定资料的情况是：	
1. 地基与基础分部工程：	
本分部工程共分部工程包括土方开挖、土方回填、灰土地基、模板、钢筋、混凝土、砖砌体基础等 7 个分项工程。计共检查 26 个检验批，各分项验收合格率 100%。	
2. 主体结构分部工程：	
本分部工程包括模板、钢筋、混凝土、现浇结构、砖砌体 5 个分项工程，每处共检查 5～10 个检验批，分项验收合格率 100%，该分部工程质量评定为合格。	

3. 建筑装饰装修分部工程： 本分部工程共分为 4 个分项工程（分别为地面分项、抹灰分项、门窗分项、涂饰分项和细部分项），包括楼地面水泥砂浆找平层、室内外一般抹灰、塑钢门窗、门窗玻璃、外墙涂料、楼梯栏杆油漆、楼梯栏杆制作与安装，每处共检查 8 个检验批。全部合格。该分部工程质量评定为合格。 4. 建筑屋面分部工程： 本分部工程共分为 4 个分项工程（卷材防水屋面分项）、包括屋面水泥砂浆找平层、卷材防水层、水泥砂浆保护层等 4 个分项工程。每处共检查 4 个检验批，全部合格；分项验收合格率 100%。该分部工程质量评定为合格。 5. 建筑给水排水分部工程： 本分部工程共分为 1 个子分部工程（分别为室内排水系统子分部）、1 个分项工程计 4 个检验批。各检验批验收合格，分项验收合格率 100%。该分部工程质量评定为合格。 6. 建筑电气分部工程： 本分部工程共分为 2 个子分部工程（分别为电气照明安装子分部和防雷及接地安装子分部）、8 个分项工程每幢计 16 个检验批。对所有分项检查的合格率为 100%，参加评定的分项均符合规范要求。该分部工程质量评定为合格。 五、单位工程观感质量情况 室外墙面，落水管、屋面，室内顶棚、墙面，室内踏步、楼梯栏杆、地面、门窗、防雷接地等观感质量评为好；配电箱、盘板、接线盒，开关、插座等观感质量评为一般。外墙立面整体的平整度较好，观感自检综合评定为好。 六、节能工程 1. 分部工程共 1 个，经查 1 个分部符合质量标准及设计要求； 2. 质量控制资料共核查 7 项，经审查符合要求 7 项，经核定符合规范要求 7 项； 3. 安全和主要使用功能核查及抽查结果共核查 1 项，符合要求 1 项，共抽查 1 项，符合要求 1 项，经返工处理符合要求 0 项。 七、单位工程总体质量情况 1. 分部工程共 7 个，经查 7 个分部符合质量标准及设计要求； 2. 质量控制资料共核查 21 项，经审查符合要求 21 项，经核定符合规范要求 21 项； 3. 安全和主要使用功能核查及抽查结果共核查 11 项，符合要求 11 项，共抽查 5 项，符合要求 5 项，经返工处理符合要求 0 项； 4. 观感质量验收：共抽查 14 项，符合要求 14 项，不符合要求 0 项。 八、技术、质量资料及施工管理资料 施工资料及质量控制资料严格按照《建筑工程施工质量验收统一标准》GB 50300—2013、国家强制性标准要求、《建筑工程资料管理规程》、《××市城建档案工作指南》的要求评定和收集整理。技术、质量资料及施工管理资料齐全。该工程经自检评定符合设计文件及合同要求，工程质量符合有关法律、法规及工程建设强制性标准验收要求。	 五、单位工程感官质量：根据实际情况适当调整 六、节能工程 七、单位工程总体质量情况 八、技术、质量资料及施工管理资料

综合上述资料表明，工程质量的控制数据，已实现甲、乙双方签订合同的目标。单位工程自检评定为合格。该工程现已完成施工合同的全部内容，工程质量达到了国家验评标准的等级，今具备工程竣工验收条件，提交建设单位组织工程竣工验收。	综述
××市××建筑工程有限公司 年　月　日	落款

思考及练习 🔍

写作题

请根据以下情况写一篇工程竣工报告，要求要素齐全。北京第一建设集团建筑有限公司于××××年×月×日完成了北京城市建设学校教学辅助用房 7 号楼施工，监理单位是××工程管理有限公司。本工程××××年×月×日开工至××××年×月×日竣工。内容要素可自拟。

单元小结

本单元将建筑工程最常用的应用文做了详细的梳理和讲解，旨在通过示例教学，掌握当前专业学习中最常见的应用文的写作方法和格式规范要求，能够现学现用、举一反三的掌握各类常见建筑应用文的写作。本单元应系统掌握以下学习内容：

1. 招标投标书是建筑工程的最开始阶段，是一种周知性的文书，要求语言严谨。

2. 建设工程施工合同是具有法律效力用以协调相应经济关系的协议，住房和城乡建设部、国家工商行政管理总局联合制定的《建设工程施工合同（示范文本）》，是合同协议的重要参考。

3. 技术交底的分级管理制度，确认了技术交底记录的重要性，它是施工技术和设计要求得以贯彻到基层工作人员的重要保障。

4. 报审表是请求监理机构审核并批准报审的相关项目的重要文书。开工/复工报审表得以审批，工程施工才能正式进行。

5. 报验单是工程检验申请的批复单，几乎存在于施工的每道程序、每个项目和每种材料。注意跟报审表进行区别学习。

6. 施工日志是施工活动中的实时性综合记录，是工程管理的第一手资料，也是各种标准实施情况的有效凭证。

7. 竣工验收报告是工程项目竣工之后，对整个施工工程的详细描述的书面报告，是施工完成的重要文字材料。

建筑

拓展模块：其他应用文

第 4 篇

教学单元 8

Chapter 08

其他应用文基础与实操

 教学目标

1. 知识目标

了解调查问卷、调查报告、新闻稿、求职信及求职简历、策划书、简报等应用文种的应用情景；熟悉各类常见应用文文种的写作格式，领会各类常见应用文文种的写作要点、写作原则等。

2. 能力目标

能够按照正确格式完成调查问卷、调查报告、新闻稿、求职信及求职简历、策划书、简报等应用文种的写作；所写应用文符合调查问卷、调查报告、新闻稿、求职信及求职简历、策划书、简报等应用文种的写作要求。

本单元为拓展模块，主要介绍调查问卷、调查报告、新闻稿、求职信与求职简历、策划书、简报等应用文的基本概要与格式，重在梳理完善应用文种类，帮助掌握常用的特殊类型应用文的写作要求与方法等。

8.1 调查问卷

调查法在社会科学研究中应用非常广泛，在建筑行业和教育行业也是如此，如对某一专业学生的就业情况的调查，某一学年教学效果的调查，工程建设项目参与各方关系状况的调查等。通过调查，可以总结规律，揭示存在的问题和原因，为进一步的研究和决策提供观点和论据。调查问卷是调查者依据调查目的和要求设计的一种规范化、标准化的调查表格，由一系列问题、备选答案和说明等组成。调查问卷是搜集数据常用的方法之一，也是形成调查报告的依据之一。

一份完整的问卷由题目，前言、指导语、问题与答案和结束语等部分组成。

1. 标题

标题是对调查主题的概括说明，是对问卷的目的和内容的最简洁的反映，简明扼要。例如："中学生手机使用情况调查""学校食堂就餐服务满意度调查"等。标题尽量避免倾向性的表述，以免引起被调查者的戒备，如"关于对青少年迷恋网络游戏的现状分析和对策的调查"等。

2. 前言

前言有时也称为"封面信"，目的是引起被调查者的重视和兴趣，消除被调查者的疑虑，体现调查的正式性。在措辞、语气上要谦虚、诚恳、如实。前言的内容包括：调查者的身份，单位和组织的名称；调查的大致内容和主要目的，尤其是对于被调查者所属群体的实际意义；调查对象的选取对象和对调查结果的保密措施。

【例 8-1】

同学你好：

　　我校学生工作部正在进行一项关于暑期实践活动的调查，旨在了解同学们暑期实践活动的基本情况，以提供更好的暑期实践指导和服务。你的回答无所谓对错，只要能真正反映你的想法就达到了我们这次调查的目的。调查不涉及个人隐私信息，并且，你所提供的所有信息都将被严格保密使用。调查会耽误你大概 5 分钟的时间，谢谢你的配合和支持。

【例 8-2】

首先感谢各位同学的协助，我们是××视力防护中心的工作人员，本调查的目的在于了解同学们对视力保护的认识和现状，以期为同学们提供更好的视力防护服务。耽误您宝贵的时间，再次向您致谢！

××视力防护中心

20××年 10 月

3. 指导语

指导语是用来指导被调查者填写问卷的各种解释和说明，作用是对填表的方法、要求、时间、注意事项等做一个总体说明，有时还附一两个例题。

【例 8-3】

填写说明：

问卷答案没有对错之分，只需根据自己的实际情况填写即可。问卷的所有内容需要个人独立填写，如有疑问，请询问发放问卷的工作人员。你的答案对于我们改进工作，为大家提供更好的指导和服务非常重要，希望你能真实填写。

问卷分为两部分，请完整作答。

【例 8-4】

请根据自己的实际情况，在符合情况的答案的序号上划"√"，或将答案填写到相应的横线上（或空格）。请不要漏答。

4. 问题及答案

问题和答案是调查问卷的主体，从形式上可分为开放式和封闭式两大类。

（1）开放式问题，就是提出问题，但没有具体选项和答案，由被调查者自由填答的问题。

如：在参与在线教育活动过程中，您有什么困难或建议？

（2）封闭式问题，就是提出问题的同时，给予若干可选答案，供被调查者选择。如：

① 您是否喜欢上体育课？　A. 非常喜欢　B. 喜欢　C. 一般　D. 不喜欢

② 在使用移动互联网时，你有过下列哪些行为（可多选）：

☐　蹭免费 Wi-Fi（来路不明）

☐　在非正规商城下载应用

☐　使用一键登录/绑定登录

☐　随意拍二维码

☐　允许任何人访问自己的空间/微博/朋友圈

☐　以上都没有

开放性问题可作为封闭性问题的补充，和封闭性问题一起使用，如：

① 您平时使用最多的网络连接形式是什么？

A. 家庭无线路由 Wi-Fi　　　　B. 4G 网络　　　　C. 5G 网络

D. 带连接网线　　　　E. 服务商 Wi-Fi　　F. 其他

② 您的在线设备有以下哪些　（多选）

☐台式电脑　　☐便携式笔记本　　☐平板电脑/IPAD　　☐智能手机

☐智能电视机　☐便携式投屏联网设备

☐家庭用教学一体机　　　　　　☐其他

一般来讲，问卷设计时，问题设计的原则要遵循：

◆ 问题的数量和内容符合调查目标、要求。

◆ 问题表述要容易使被调查者理解，因此问句尽量短而明确。

◆ 问题界定清晰，避免混淆，一个问题包含一项内容，问题内容要具体，不要只概括性地描述，更不能含糊不清，引起歧义。

◆ 即使是开放性问题，也应尽量用具体或事实性问句来设问。

◆ 问题要中性化，不能太有倾向性。

◆ 答案的设计除了要与问题协调一致外，要注意答案的互斥性。

◆ 把简单容易回答的、容易引起被调查者兴趣的，或者被调查者熟悉的问题放在最前面，一般行为方面的问题要先于态度、意见、看法的问题。

5. 结束语

结束语可以省略，尤其是在网络调查中。常用结束语有："对于你所提供的协助，我们表示诚挚的感谢！""为保证资料的完整与详细，请查看一下问卷是否填写完整、准确！感谢你的支持和配合！"

问卷设计过程中，可以先通过访谈初步筛选出问题，设计初稿后进行小范围试用和修改，再确定最终的问卷，进行大范围的调查。问卷设计也是一个改进的过程。

问卷的发放和回收可以通过现场、电子邮件或者网络链接等方式进行。

【例 8-5】

×× 学校校园指路标识调查

同学你好！为了了解本校学生对学校指路标识的了解情况，改进学校的指路标志设计，为同学们提供更好的导向服务，学校后勤部联合校学生会、团总支设计了此问卷。此问卷不涉及个人隐私，问卷结果不做商业用途，请你依照自己的真实想法填写。谢谢你的参与！

1. 你的性别

A. 男　　　　　　B. 女

2. 你所在的年级

A. 一年级　　　　B. 二年级　　　　C. 三年级

3. 你在校内的主要出行方式

A. 步行　　　　B. 自行车　　　　C. 共享单车　　　　D. 电动车

4. 你对学校的这些功能区位置和地点非常熟悉（　　）（可多选）

A. 教学区　　　　B. 餐饮区　　　　C. 对外交流区　　　　D. 景观区

E. 行政办公区　　F. 住宿区　　　　G. 都不是太熟悉

5. 当你在校园里想去一个地方而不知道怎么走时，你会（　　）

A. 问同行的同学或朋友　　　　　　B. 看指路导向标志

C. 问路过的同学　　　　　　　　　D. 其他

6. 学校哪些位置有指路标志（　　　）

A. 路的交叉口　　　B. 建筑物大门口　　　C. 景观区域一角　　　D. 不知道

7. 以下地点，你去的最多的是（按照由多到少进行排序，不认识的地点不填写）

A. 格物楼　　　　B. 逸夫楼　　　　C. 信息楼　　　　D. 科技馆

E. 实训楼　　　　F. 建艺馆　　　　G. 综合楼

(1) _____　　　(2) _____　　　(3) _____　　　(4) _____　　　(5) _____

(6) _____　　　(7) _____

8. 以下地点，你常去的是（按照由多到少进行排序，不认识的地点不填写）

A. 学生餐厅一　　　　　　　　B. 学生餐厅二

C. 静心咖啡厅　　　　　　　　D. 学苑餐厅

(1) _____　　　(2) _____　　　(3) _____　　　(4) _____

9. 以下地点，你常去的是（按照由多到少进行排序，不认识的地点不填写）

A. 松阳餐厅　　　B. 朝阳湖　　　　C. 玲珑山　　　　D. 图书馆

E. 红树景观园　　F. 浪淘沙石　　　G. 小小电影院

H. 中心广场

I. 风雨操场

(1) _____　　　(2) _____　　　(3) _____　　　(4) _____　　　(5) _____

(6) _____　　　(7) _____　　　(8) _____　　　(9) _____

10. 以下道路，你常走的是（按照由多到少进行排序，不认识的地点不填写）

A. 博文路　B. 强学路　C. 善思路　D. 明德路　E. 文智路　F. 行健路　G. 君子路

(1) _____　　　(2) _____　　　(3) _____　　　(4) _____　　　(5) _____

(6) _____　　　(7) _____　　　(8) _____　　　(9) _____

【点评】基本结构完整，主要以封闭式问题为主，特殊问题的答题指导也比较明确，整体上问卷比较简单，易于填写，适合在校学生的作答特点。问题涵盖全面，能够满足调查目的要求。

【例8-6】

关于身边古建筑保护现状的调查问卷

您好：

我们是××省建筑学院的学生，正在进行古建筑保护方面的调研工作，以便为我们的古建筑保护工作、传统文化的传承提出一些有益的建议。本问卷为非实名统计问卷，为确保统计的科学性，请您务必按照自己真实意图进行填写，调查结果仅作为科研和公益使用，再次感谢您的配合！

1. 您的目前所从事的行业是：

A. 学生　　　B. 教育行业　　　C. 文化行业　　　D. 科技行业

E. 行政事业　F. 制造行业　　　G. 建筑行业　　　H. 其他

2. 您是？

A. 60后　　B. 70后　　C. 80后　　D. 90后　　E. 00后　　F. 其他

3. 您在日常生活中，是否留心过古建筑？

A. 专程去看过某些古建筑物　　　B. 比较出名的古建筑就会留意一下

C. 旅游或路过看到了会了解一下 D. 从未注意过

4. 您对古代建筑背后的文化内涵有兴趣么？

A. 非常感兴趣，会主动去了解　B. 有点感兴趣，会认真听别人介绍

C. 一般，看介绍的人说的是否有趣

D. 没兴趣，不想了解

5. 您认为古建筑的价值在哪里？（多选）

A. 不可复制，具有考古价值　　B. 是建筑艺术，具有欣赏价值

C. 具有文化教育价值　　　　　D. 是中国历史文化和民族精神的象征

E. 风格显著、结构特殊，具有科研价值

F. 旅游资源　　　　　　　　　G. 城市标志

H. 不了解　　　　　　　　　　I. 其他

6. 如果一个历史悠久的古建筑群与政府城市拆迁规划发生冲突，如何处理古建筑群？

A. 绝对不可以拆除　　　　　　B. 视古建筑的历史价值而定

C. 一切应以发展为前提，拆除古建筑也未尝不可

D. 随便，无所谓

7. 您身边的古建筑或古文化破坏严重吗？

A. 严重　　　　　　　　　　　B. 一般，按自然规律有一定的衰败

C. 不清楚

8. 你觉得有必要采取措施保护身边的古建筑和古文化吗？

A. 很有必要，必须尽早行动　　B. 根据发展情况而定

C. 不确定　　　　　　　　　　D. 没必要

9. 如果要保护古建筑，您认为在城市改造中需要被保护的古建筑是（多选）

A. 特色建筑　　　　　　　　　B. 著名老字号

C. 古街道　　　　　　　　　　D. 古寺庙

E. 战争遗迹　　　　　　　　　F. 旧城区居民建筑

10. 对于因自然或人为的原因造成的古建筑损坏，您认为应该（　　）。

A. 细心保持原样，进行少些修补

B. 在原来的基础上进行修建，翻新

C. 拆掉重建　　　　　　　　　D. 不用管它

11. 您认为如何对古建筑蕴含的文化进行有效保护（多选）

A. 政府建立专门的讲古机构

B. 申请列入（非）物质文化遗产

C. 改革其内容和形式，贴近大众，适应潮流

D. 通过电视新闻等媒体进行宣传

E. 发掘文化对新时代的作用和价值

F. 其他保护方法

12. 您认为谁是古建筑保护的中坚力量?

    A. 群众   B. 国家机关   C. 地方政府

    D. 公益团体   E. 社会名流

13. 如果为了保护古建筑而做一些硬性的规定,例如不对公众开放,或限制参观,您能理解吗?

    A. 理解且接受   B. 理解但不接受   C. 不理解不接受

    D. 看具体的措施而定   E. 无所谓

14. 如果有公益性的古建筑保护活动你是否愿意参加(如马拉松,城市快闪,古建筑参观等)?

    A. 非常愿意且愿意组织 B. 愿意   C. 不愿意

15. 您对政府古建筑保护方面的相关措施的了解程度

    A. 非常了解,知道具体措施

    B. 大致了解,在新闻媒体上看到过

    C. 不太清楚,只知道政府有说过相关概念

    D. 完全不了解,没看见过任何相关信息

16. 现今政府对古建筑的维护工作您满意吗?

    A. 非常满意   B. 满意   C. 基本满意

    D. 不满意   E. 非常不满意

17. 您对于当前古建筑保护有什么意见或者其他保护建议?

【点评】本调查问卷是封闭性问题和开放性问题相结合的一份问卷,问题设计思路是"为什么保护古建筑""如何保护古建筑""对目前古建筑保护的态度"等,问题比较全面和详尽,考虑得比较周全,各类题型都有,问题的答案之间互异性较强,而且表述比较清晰、易懂,容易作答,最后的开放性问题是整个问卷的问题的补充,避免有些问题的疏漏。

思考及练习

1. 查找信息,结合自己的经历,为下列封闭性问题设计答案。

(1) 当得知某程序会侵犯到您的信息隐私,您会

（2）您对于现今个人信息保护现状（信息泄露）的评价

（3）在使用某应用之前，您是否认真看过授权须知

（4）您觉得收集您的个人信息的目的是

2. 以"中职学生零用钱数量及用途"为主题，设计 2 个封闭性问题和 1 个开放性问题。

3. 以"中职学生手机使用用途"为主题，设计一份完整的调查问卷。

8.2　调查报告

调查报告是针对某一现象、某一事件或某一问题进行深入细致的调查，对获得的材料进行认真分析研究，发现本质特征和基本规律之后写成的书面报告。调查报告在新闻领域和机关应用文领域中都经常使用。

按调查报告的内容范围分类，可分为综合性调查报告和专题性调查报告，前者内容全面，范围广泛，后者内容单一，范围较小。

按调查报告的作用性质分类，可分为总结经验的调查报告，揭露问题的调研报告，反映情况的调查报告以及考察历史事实的调查报告。

调查报告的格式包括标题、正文、落款和日期等部分。

1. 标题

调查报告的标题有以下几种写法：

新闻式写法，通常使用比较有吸引力的表达，如《土豆脱贫记》《$PM_{2.5}$你了解吗》。这一写法一般用在新闻领域的调查报告中。

公式化写法，基本结构是"调查对象＋调查课题＋文种"，例如《中学生宪法意识调查报告》《建筑市场各类专业人才需求状况调研报告》。

双标题的写法，结合新闻式写法和公式化写法两种，由正副标题组成，例如《直面农民工——建筑业农民工现状调查报告》。

2. 正文

（1）前言

调查报告的前言写什么和主体部分组织材料的结构顺序有关，主要有以下

几种类型：

◆ 概要式，概括调查对象或者调查内容的要点。

◆ 简况式，简单交代调查的目的、方法、时间、范围、背景等，展示调查过程，增加可信度。

◆ 问题式，可以结合当前社会现象、某个领域的热点问题，提出一个问题或案例，引发读者思考，进而引起读者对调查课题的关注。

（2）主体

主体部分呈现调查报告的具体内容，包括观点、材料、分析数据、结论等，常用的组织形式有以下几种：

以归纳出的观点或者结论分类分条目，例如《收入不给力　跳槽或成风——2011 年建筑行业薪酬调查报告》这篇调查报告中，就是按照调查结论"建筑行业人才越老越吃香""学历明显影响起薪高低，学历越高期望薪酬涨幅越高""超七成受访者对薪酬不满意""跳槽仍是改变目前薪酬现状的首选"等来组织内容。

按照所获材料或数据的性质分类形成小标题，比如以不同地区获取的材料来分类列条目，或者以不同的抽样群体获得材料来列条目，还可以以不同的调查手段获取的材料来列条目，如访谈、文献、问卷、量表等。

按照事物的发展过程或者将主题所包含的要素分类列条目，如在事故调查中，一般按照事故发生的经过和结果，事故的原因和性质，事故的处理，事故防范措施建议等几部分来呈现调查的主体内容。

以时间为顺序，以调查过程的不同阶段自然形成层次，适用于时间单一、过程性强的调查报告。

不论采用什么样的组织形式，最终的目的是逻辑清晰、层次分明地展现调查内容。

（3）结束语

结束语通常包含以下内容：对主体部分的内容进行概括、升华；指出调查过程中发现的问题，启发思考；指出调查可能存在不足；补充调查中未发现的问题或者想要引起人们重视的问题；针对调查中出现的问题，提出建议。结尾的篇幅一般较小，不作为重点内容。很多调查报告经常会省略结束语，例如《2018 年北京市养老现状与需求调查报告》。

3. 落款及日期

落款为组织调查以及撰写调查报告的组织或个人。在实际撰写过程中，调查报告的撰写者和日期也可以写在标题之后，前言之前。当然，也有省略的情况。

调查报告的撰写以调查研究所获得的材料为基础，因此，在调查之前，必须做好充分的调查准备，拟定调查提纲，确保获得较为丰富和有效的调查材料。

【例 8-7】

××股份有限公司 "9.24" 高处坠落事故调查报告

2015 年 9 月 24 日位于××市高新区新园路 56 号的××股份有限公司租赁厂房在进行钢结构施工过程中，发生一起高处坠落事故，造成 1 人死亡，多人轻伤。

事故发生后，依据《中华人民共和国安全生产法》《生产安全事故报告和调查处理条例》有关规定，高新区管委成立了由分管安全的副区长杨××为组长，应急办、工会、住建局、科技创新局、公安分局相关人员参加的事故调查小组，并邀请建筑领域的相关专家参加，赴现场对事故进行了全面的调查。

事故调查组按照 "四不放过" 和 "科学严谨、依法依规、实事求是、注重实效" 的原则，通过现场勘察、调查取证、综合分析和专家论证等，查明了事故发生的经过和原因，认定了事故的性质和责任，提出了对有关事故责任单位和责任人员的处理建议，并针对事故原因及暴露出的突出问题，提出了事故防范和整改建议。

一、事故发生单位概况

1. 项目施工单位

××钢构有限公司成立于××年×月×日，注册地址：×××××，注册资本伍仟万元，现有职工 80 余人，法定代表人：陆××，统一社会信用代码：×××××××××××××，公司性质：有限责任公司。主要经营钢结构、钢架、索膜、钢结构墙体的设计、制作、安装，生产销售钢结构材料及零配件、钢结构体及其附件等。现有中华人民共和国住房和城乡建设部颁发的建筑业企业资质证书，资质类别及等级：××××××

×，有效期：××年×月×日至××年××月×日，持有《安全生产许可证》（编号：××××），有效期：××年×月×日至××年××月×日。××年××钢结构有限公司委托郑××为××科技股份有限公司××项目的代理人，负责该项目一切管理事宜。

2. 项目建设单位

××科技股份有限公司，成立于××年×月×日，注册资本贰仟万元。注册地址：×××，法定代表：李××，统一社会信用代码：×××××××××××××，公司性质：股份有限公司，现有职工 80 人，主要经营一类医疗器材、化工试剂及助剂（不含危化品）等。2015 年×月×日××科技股份有限公司将××项目承包给了××钢结构有限公司，签订了《轻钢结构工程施工承包合同》并按照××工业研究院的要求提交了施工方案。合同第×条×款第×项规定承包方在施工期间现场导致的人员伤亡，由承包方负责，并承担所有费用；承包方要对施工人员加强安全教育，服从甲方的监督管理与检查，自行配置符合要求的劳动防护用品及设施。

二、事故现场调查情况

事故调查技术组先后与×月×日—×月×日对事故现场进行了勘查，并进行拍照取证，对相关当事人进行了询问和调查，对已经形成的证据进行了内容摘录。

三、事故发生的经过、救援及善后处理情况

（一）事故伤亡人员及现场人员基本情况

1. 葛××，男，55 岁，事故发生时正在钢结构顶部铺设楼板施工作业，事故发生后当场死亡。

2. 张××，男，48 岁，轻伤，目前留院观察，事故发生时正在钢结构顶部铺设楼板施工作业。

3. 周××，男，39 岁，轻伤，目前留院观察，事故发生时正在钢结构侧下方作业。

其他现场人员在事故发生后第一时间拨打了 120 急救电话，并与其他人员进行了施救。

（二）事故发生经过

……

（三）事故救援及善后处理情况

事故发生后，管委会领导高度重视，迅速对事故调查处理作出安排，管委应急办迅速成立事故调查小组赶到现场进行调查核实，开展应急处置工作，并指示有关部门查清事故原因、吸取事故教训，全力做好善后处理工作。高新区公安分局对相关人员进行了控制。事故发生单位积极配合做好赔偿和家属安抚，后续伤员的治疗和安排。

四、事故造成的人员伤亡和直接经济损失情况

此次事故造成1人死亡，2人受伤，直接经济损失80.5万元，主要用于事故赔偿及善后处理。

五、事故原因

（一）直接原因

在铺设填充板施工过程中，由于意外失手，导致填充板坠落，将葛××从框架上带着坠落。

（二）间接原因

未设置安全平网或搭设作业操作平台，相关人员未佩戴使用安全带、安全帽等防护设备，对施工现场缺乏安全检查或忽视安全管理，施工方案中未对施工作业人员进行安全技术交底，安全教育培训不到位，现场物料堆放杂乱，作业面钢构骨架结构较窄，不利于作业人员行走。

（三）事故性质

经事故调查组认定，该事故是一起一般生产安全责任事故。

六、事故责任分析及处罚

1. 施工人员葛××未按照相关规定要求采取安全防护措施，对事故负主要责任。

2. ××钢构有限公司对项目安全生产管理不到位，对事故负有重要责任，按照《中华人民共和国安全生产法》第××条×项规定，给予××钢构有限公司处以××万元的行政罚款。

3. ××科技股份有限公司对××钢构有限公司的安全生产履行统一协调、管理职责，对项目安全管理不到位，建议向高新区科技创新局作出书面检查。

七、事故防范和整改措施

为汲取此次事故的教训，防止类似事故再次发生，针对这次事故所反映的

问题，提出以下事故防范和整改措施：

1. ××钢构有限公司应严格落实企业主体责任，加强现场安全管理。必须坚决执行《中华人民共和国安全生产法》相关规定，建立健全安全操作责任制及操作规程，认真开展自查自改，严防类似事件发生。

2. ××科技股份有限公司应认真吸取这次事故教训，加强安全生产管理工作。

3. 加大政府监管力度，全区要深刻吸取事故教训，强化依法治安，建立健全安全生产责任体系，防止类似事故再次发生，促进全区安全生产形式持续稳定。

【点评】这是一篇事故调查报告，属于问题调查报告的类型。结构上体现了事故调查报告的基本组织形式，结构完整，材料详实，表述客观、全面。实际上问题调查报告的思路基本相似，都包括问题的发生和具体状况，问题产生的主、客观原因，问题的性质及造成的个人、企事业或社会影响，问题的解决，对问题的防范措施或者防范建议等。

思考及练习 🔍

1. 以"××省古建筑保护情况"为调查报告的主题，设计三个不同类型的调查报告标题。

2. 从标题和前言中判断，下列调查报告属于哪一类型的调查报告，并查找资料将其结构补充完整（不需要写出具体内容）。

用人单位需求状况及对中职建筑类毕业生评价调查报告

中职建筑类学生很大一部分在毕业后要面临就业的问题。因此中职建筑类学生的就业质量不仅是家长和社会普遍关注的一个问题，也是中职教育教学质量的一个重要体现。那么建筑行业用人单位的人才需求有哪些？在录用毕业生时所侧重哪些方面的能力呢？我校调研小组采取了问卷法和访谈法相结合方式，对参加我校2012～2015年的招聘会的用人单位以及一些建筑行业中社会影响力比较大的部分单位进行了调查，以探索提高中职建筑类毕业生就业能力和质量的途径和方法。

......

---

3. 从第一节中的案例评析或实战练习中任选一个调查问卷进行调查，形成一份调查报告。

8.3　新闻稿

新闻是对社会事实的一种报道，也是一种宣传手段。这里不讨论新闻行业中的广泛意义的新闻稿，主要讨论新闻稿作为一种宣传手段，在一般的社会组织或企事业单位中的应用。那么新闻稿可以定义为社会组织或企事业单位通过一定的媒体，向外界公布的关于本组织或本单位的有价值的信息。

从内容上来讲，新闻稿包含很多类型，但在一般的社会组织或企事业单位中，主要用到的是消息和通讯两种形式。消息和通讯都是对当前或已经发生的事实进行报道，两者都讲究新闻性、真实性和时效性。两者的区别有以下几点：篇幅上，消息要求篇幅尽可能短，文字尽可能简洁，内容尽可能简练，几十个字，100～200 字以内将事实描述出来，通讯相对来说要长一些；内容上，通讯比较完整、详细、深入，包含较多事实的细节，消息常省略一些细节；语言表达上，消息用语简洁，客观，一般不出现主观评论性文字，而通讯的表达手法很丰富，可以描写、抒情、议论，使用比喻、象征等修辞，表露作者的感情和倾向。从两者的特点来看，显然通讯的宣传性更强一些。

1. 消息

消息的一般格式为：

（1）标题

标题有多种写法：主标题式，如"新型高分子建筑保温材料亮相国内建材大会"；主引式或主副式，如"浓浓关爱温暖人心——环投公司开展帮扶社区特困家庭慰问活动""粤港澳大湾区重大建设项目有序复工采取多重防控措施减少疫情对工程施工影响"，标题要直接点名新闻事实，并运用一定的修辞吸引人关注。

（2）导语

导语是消息的开头，一般会用消息中最重要、最精彩的部分来抓住读者兴趣。写法有概述型、描述型、评述型和橱窗式。

（3）主体

主体对消息的具体内容进行展开，可以按照时间顺序、重要程度、逻辑关系或综合归纳法等方式进行写作。

（4）结尾

结尾写作比较灵活，有的另起一段，深化报道主旨；有的在主体介绍清楚后自然收尾，不设结尾。

（5）消息的基本要素和结构

新闻的基本要素包括时间、地点、人物、事件的发生、经过、原因和结果等，消息和通讯在写作时都要包含这些基本要素。为了突出客观性，还经常直接引用人物的原话。消息一般采用"倒金字塔"式结构，即把最重要、最新鲜的事实放在最前面，再交代事实的其他内容。

【例 8-8】

速度是关键！中铁工业驰援武汉火神山、雷神山医院建设

2月2日上午，用于集中收治新型冠状病毒肺炎患者的火神山医院完工并正式交付。在这场与时间赛跑、与病毒斗争的战役中，中铁高新工业股份有限公司旗下中铁重工公司从1月30日凌晨2点至2月1日凌晨，历经37小时奋力鏖战，最终高效、优质地完成了医院医学技术楼主体19榀桁架现场拼装和重症病房792m²屋面钢骨架安装焊接任务。

中铁工业援建的还有被称为西安"小汤山"的西安市公共卫生中心项目。2月1日晚，中铁工业旗下中铁钢构接到紧急指令，要求中铁钢构作为专业生产抗震救灾钢结构模块化装配式房屋企业，火速向西安市公共卫生中心项目提供500套装配式集成房屋，并提供现场装配技术支持，抗击新型冠状病毒。按计划，该项目于2月3日全面开工，第一期建设的应急隔离病房需提供500套，约9000m²装配式集成房屋，2月中旬即可投用。

（新闻来源：新华网 2020 年 2 月 5 日，【一线】中铁工业驰援火神山医院、西安"小汤山"医院建设，http：//www. xinhuanet. com/energy/2020-02/05/c_1125534370.htm 题目有改动）

【点评】这则消息采用了主引式标题，内容可分为两部分，第一部分采用"倒金字塔"式结构的，第二部分是"金字塔"式结构。导语采用概述型，主体采取时间顺序或者说综合归纳法进行了交代。新闻要素完整，语言简单、凝练。

2. 通讯

通讯的一般格式为：

（1）标题

通讯的标题和一般记叙文的标题相似，重点在于显示内蕴，可以直述新闻事实，也可以设置悬念；可以提出问题引人思考，也可以引用口语；还可以使用比喻、双关、对比等修辞手法，在准确、凝练的基础上，适当的生动，吸引人。

（2）开篇

开篇不用像消息的导语那样简单，可以直接进入情节，也可以采用文学上的写法，采用引经据典、抒情议论、刻画人物、描写场景等各种方式来写。

（3）主体

主体的结构包括时间顺序，因果-环环相扣，空间顺序，并列、对比、递进等层次性的结构，在写作时要和开篇放在一起考虑。

（4）结尾

通讯的结尾往往通过议论和叙述来强调立意，深化主题，也可以自然收尾。

通讯不同于一般的文学作品，它是新闻与文学的结合，更强调作为新闻的真实性、时效性、实证性，在写作时，主题要选的典型并有意义，材料也要具有表现力和实证性，表达上形象生动，条理清晰，详略得当。

【例 8-9】

青年当如此！不惧不退，××集团青年突击队

在没有硝烟的疫情防控战场，××集团的一支支"青年突击队"冲锋而出，党旗所指、团旗所向，在疫情防控一线，"疫情防控青年突击队"贡献青春力量，树立了榜样形象，起到了示范带动作用，而他们的群体还在不断壮大。

多措并举确保工程建设进度

××分公司主营工程建设，疫情发生后，××体育中心项目部立即制定预案，成立突击工作组，严格实行人员管控，建立了"返岗复工人员疫情防控"信息统计制度，详细登记来源地、经停地、身体体温测量等信息，确保动态掌握疫情最新情况。建立外地返回人员自行隔离7天，确保无异常症状，审核合格后方可复工。同时，联合施工单位××项目部，采取多渠道、多途径持续采购防疫口罩、消毒酒精、消毒液、手持式测温仪、医用手套等防疫物资，全力做好员工防护工作，保障工程建设。同时，在集团内部大力宣传防病毒感染科普小知识，随时关注员工身体状况。

图略

各售楼部现场严格防控

××房产销售公司所属各售楼部立即采取行动，对现场戒严，严格对接待中心出入车辆、人员进行消毒和体温测量，要求佩戴口罩入场，询问路线并详细登记。从销售中心内外公共区域到售楼部内部办公空间各项设备早、中、晚各进行一次零死角消毒处理，避免交叉感染。同时，专门设置废弃口罩处理站点，防止二次污染。

图略

积极部署，保卫基建一线

××基建运营公司迅速成立青年突击队，活跃在各个基建项目工地，他们帮助开展防疫工作宣传、统筹并运送防疫物资（医用口罩、消毒酒精、消毒液等）、协助筛查项目管理人员和工人身份及情况、参与项目工地隔离房和隔离区的消毒监管等。防疫工作事无巨细，保障了城市基础设施运力，为民生工程的复工做好充分准备。

图略

坚守岗位、"青"力而为

××集团所属管线公司的监控呼叫平台，365天全年无休，一天24小时随时在线,这里联络和维系着全市中心城区1.5万余孔·公里通信管道、

2200 沟·公里电力通道和 4 万余口检查井、10 万余块电力盖板的正常运营。疫情期间，青年们坚守在岗位，监管着任何一个可能的风险点，做好随时奔赴前线的准备。

在疫情防控抢险一线，"90 后"青年突击队员李××、冯××主动报名加入了维护抢险班组，在维护抢险工程车辆和相关防疫措施保障下，他们日夜不间断地对管辖电力通信管道进行片区巡查，冲在发现和处置管道各类安全隐患最前线。虽然这个新年大部分时间都在抢险车和各个维护点度过，但他们毫无怨言，为自己能为疫情防控贡献一份力量而自豪。截至目前，他们所在的抢险班组共排查维修处置各类报案及隐患点位 79 处，有力保障了地下在运电力、通信线缆的运行安全。

图略

创新宣传，形成防控合力。

××物业公司的青年突击队创新宣传方式，精心编制防控视频倡议书，积极号召公司青年立足岗位，勇于担当，迅速参与疫情防控各项工作，切实凝聚合力。

情系基层，提供防控物资。情系基层，深入一线，主动作为，突击队目前优先向一线员工共发放口罩 400 只、消毒液 10 桶、酒精 7 桶。

图略

服务群众，严抓防控细节。为确保疫情防控措施落实落细到各处资产点位，青年突击队逆行而上，勇于担当，逐户登记资产运营情况，排查租户疫情状况，向承租人发放"健康安全告知书"198 份，为他们宣讲最新防控措施，不断提升群众获得感和幸福感。

"党有号召，团有行动"！集团全体青年突击队员们将继续坚守岗位、勇于担当，用实际行动为坚决打赢疫情防控阻击战奉献青年力量！

没有一个冬天不会过去，没有一个春天不会到来。

疫情防控，青春建功，为青年突击队点赞！

【点评】这篇通讯以某集团的"青年"人物群体为主题，着重报道了这一群体在某疫情防疫期间的工作表现。从标题到开篇，到结尾运用了很多文学化的语言，非常生动。主体采取了并列的结构，介绍了集团下属各个单位在防疫期间的突出事迹，使用了图片、数据等实证性的材料，使内容丰富、形象，情理交融。

思考及练习 🔍

1. 结合之前学习的党政公文，总结一下消息、通讯和通知、公告等文种的区别。

2. 判断下列哪个是消息，哪个是通讯，并分别为其拟定题目。

文本1：

记者近日从广西壮族自治区住房和城乡建设厅获悉，广西将大力推动装配式建筑发展，目前已经在南宁、柳州、贺州、玉林四地进行试点，力争到2020年底前，广西装配式建筑的总面积占新建建筑总面积的比例超过15%，同时创建1~2个国家示范城市、3~5个自治区级示范城市、3~5个自治区级示范基地。

自治区住房和城乡建设厅副巡视员莫兰新表示，近年来，广西一直大力推进装配式建筑发展，出台了相关政策。南宁、柳州、贺州、玉林4个自治区级装配式建筑试点城市也出台了相关的配套政策，总体来看，广西发展装配式建筑政策体系已经形成。此外，广西已正式发布8项技术标准，为装配式建筑的起步发展提供技术支撑。

截至目前，广西装配式建筑推广工作顺利进行，已开工装配式建筑生产基地2个，投产装配式建筑生产线4条，开工装配式建筑项目7个。

（材料来源：新华网，2017-10-07，http：//www.xinhuanet.com//2017-10/07/c_1121768420.htm，责任编辑：张樵苏）

文本2：

当音乐和传说已经缄默的时候，只有建筑还在说话。当建筑像汽车制造般"拼装"而成，它会向人们传递什么讯息？

"拼装"建筑，即装配式建筑。专家称，"拼装"背后，是一场建筑业的技术革新和产业升级，它将为我国建筑业带来以绿色高效为特点的从手工"建造"到工业"制造"的跨越。

"搭积木"变革传统建造方式

人们常形象地说，装配式建筑是"搭积木"盖房子，但这个"积木"搭得可不简单。

装配式建筑的重点在于"预制"和"拼装"——先在工厂制造好墙板、阳台、楼梯、梁柱等部件，再把"积木"运到工地，最后利用机械设备进行组合、连接、安装。

记者在宝业住工上海青浦基地采访时看到，计算机控制的全自动 PC 流水线设备，通过智能化、数控机械化等技术方式加工生产，可以制造剪力墙、夹心墙、叠合楼板、预制楼梯等各种建筑部件。

从传统的"设计—现场施工"模式转变为"设计—工厂制造—现场装配"模式，装配式建筑颠覆传统建筑施工理念，引发建造方式的革新，引领住宅产业化发展。

绿色高效引领建筑产业化方向

工业美感代替泥砂味道。装配式建筑因工厂统一制造可以实现建筑全寿命周期内最大限度的节能、节地、节水、节材。

在参观上海一个装配式住宅建筑工地时，记者发现，建筑工地上不见零散的钢筋、混凝土，没有飞扬的尘土，听不到刺耳的噪声，成型的墙板、楼梯等部件整齐堆放。

"摸摸这个墙面，平整得不用再抹腻子，可以直接贴壁纸。"上海诚建建筑规划设计有限公司总经理陈培良说。施工装配机械化程度高，可以大大减少现场和泥、砌墙、抹灰等湿作业。装配式建筑采用大空间结构，可供灵活隔断，最大限度减少装修垃圾。

据宝业集团给记者提供的资料，装配式建筑可节材 20%、节水 60%、节地 7%~10%，减少建筑垃圾 70%，节约人工 40% 以上，比传统施工缩短周期三分之一。

装配式建筑大发展还需跨过三道关

发展装配式建筑可以收获明显的社会效益和环保效益，但当前装配式建筑在我国的应用还不到 5%。

究其原因，"成本关""人才关"、更加成熟的技术标准体系，是我国大规模推进装配式建筑还需跨越的三道关。

据介绍，装配式建筑混凝土结构比"现浇"成本每平方米要高 200～500 元。为什么装配式建筑的工业化制造会比手工"现浇"成本高呢？

住建部建筑节能与科技司墙体材料革新处相关负责人说，我国装配式建筑市场规模不大、配套不完善、施工队伍对技术掌握不够成熟以及设计和生产等环节上的不协调是造成目前我国装配式建筑成本增加的主要因素。

在技术层面，岳清瑞说，尽管装配式建筑相关的技术标准整体上是较全的，但仍有必要系统梳理。此外，我国还缺乏与产业化生产方式相适应的装配式结构体系和建筑体系；生产和管理模式、商业模式需要改变和创新。

任何精湛的技术和完善的标准，不能没有人才支撑。由于装配式建筑从设计、生产到施工组装根本改变了过去的建造方式，培养新型人才队伍是行业发展的重中之重。

九层之台，起于垒土。岳清瑞说，装配式建筑的发展，需补人才"短板"，通过政府项目的带头示范，通过法律法规、财税政策和重点科技专项支持，扶持全产业链龙头企业，充分发挥产业政策作用。

（材料来源：中国政府网，2016-12-01，http：//www.gov.cn/xinwen/2016-12/01/content＿5141474.htm，责任编辑：方圆震，有删减）

3. 假设你现在是一名校报小记者，围绕学校的技能竞赛周写一篇消息和通讯。

8.4 求职信及求职简历

求职信和求职简历是求职过程中所用到的特有文书，共同点都是个体求职者向用人单位介绍自己、推荐自己，以获得某一职位的文书，都具有目的性和针对性，在行文格式及重点略有区别。

8.4.1　求职信

求职信也叫自荐信、自荐书，是一种专用书信，一般写在简历前面，用于吸引阅读者翻阅简历及相关材料。写作格式上与书信的格式相同，包括标题、称谓、问候语、正文、祝语、落款以及附件等。

1. 标题

一般写在页面正上方居中位置，直接写"求职信""自荐信/书"等。

2. 称谓

另起一行顶格写，称谓一般写负责招聘的领导，如"尊敬的严经理："，如果不知道具体名字，可以写"尊敬的各位领导"或职务，如"尊敬的人事部部长"，注意用敬语。

3. 问候语

位于正文之前，空两格，一般写"您好""你们好"等。

4. 正文

正文是求职信的核心部分，一般包括以下内容：

首先表明信息来源和所求职位，简要介绍个人基本情况，专业知识等情况；其次围绕所求职位，详细、有针对性地介绍自身的长处和优势，包括获得的一些荣誉，相关的实习或工作经历；结尾部分，可以结合求职单位的特点，谈谈对企业的认识、了解，强调一下想要获取这个职位的意愿以及被聘后的工作打算。

语言表达上要注意：避免使用过度肯定的词语，如"我能适应所有工作"，"我一定能解决××问题"等；没有错别字、病句；态度诚恳，实事求是，谦虚有礼。篇幅上宜短不宜长。

5. 祝语

书信专用语，"此致敬礼"或者"祝工作顺利"等。

6. 落款

右下方署求职人姓名和日期。

求职信写得好，能够提高简历被阅读的可能性。如果能有针对性地，根据求职的某一单位的经营内容、企业文化，所求职位的工作内容、工作特点进行写作，则有助于你的求职信脱颖而出。

【例8-10】

尊敬的杨经理：

　　您好！

　　感谢您百忙之中查阅我的求职信。我从招聘网站上得知贵公司正在招聘土建预结算员，特写信自荐。我是××学院工程管理专业毕业生，专业知识扎实，有相关的实习工作经历。

　　在校期间，我认真学习了《建筑设备安装试图与施工工艺》《工程经济学》《市政工程计量与计价》《建筑工程计量与计价》《安装工程计量与计价》《合同管理与招投标》《建筑工程制图与识图》《建筑材料》等专业课程以及广联达计价软件的操作，成绩优秀，每学期都获得了奖学金。学习之余，我还积极参与学校的各项活动，担任了考勤委员、文娱委员、学院自律委员会策宣部部长等职务，以优秀的表现，获得了"优秀学生干部"、"优秀班干部"等荣誉称号。

　　我深知理论联系实际的重要性，因此在寒暑假期间，积极进行社会实践。20××年暑假，我在中铁××局做过施工员，20××年暑假在×××工程有限公司做资料员。学校实习期间，我在××建设工程有限公司从事造价师助理工作。从这些实习或工作中，我巩固了专业知识，获得了一定的实践经验，锻炼了为人处世、团结协作等能力，形成了踏实、认真的工作态度和作风。实践出真知，我还将不断地学习，不断地完善自己各方面的能力，为实现自己的人生价值而奋斗。

　　我相信我认真、努力的工作态度和专业能力能够胜任贵单位的预结算员工作，恳请您能给我这次机会，让我能够成为贵公司的一员，我将以全身心的投入来回馈公司，为公司的发展贡献我的力量。感谢您能看完此信，随信寄上我的简历。

　　此致

敬礼

应聘人　王××

20××年6月12日

【点评】这篇求职信用简练的语言，把自己的求职意愿、专业特长和优势等都充分表达出来，语言朴实、流畅，详略得当，尤其是在描述实习经历时，根据所求职位进行了选择性描述，这其实也提醒了各位同学，在学校学习期间不仅要掌握扎实的专业知识，还应尽量扩展自己的眼界，积极参加实践活动，为求职信的写作积累素材，为自己的求职增加砝码，提高个人价值。

8.4.2　求职简历

在求职过程中，求职信有时候可以省略，但简历必须要准备。简历就像个人广告，浓缩了你求职之前所做的所有努力和准备。简历一般包括以下内容：

1. 个人基本情况

一般必须要提供的包括姓名、性别、年龄（出生年月）、毕业学校、所学专业、联系方式、其他还有民族、婚姻状况、健康状况、政治面貌等都是可选项。

2. 求职意向

求职目标或所求职位，可能是一个范围也可以是具体一个岗位，但要注意每份简历中求职目标或意向应具有统一性，多个所求职位之间跨度不要太大。

3. 教育背景

包括毕业学校及专业，可以简单交代专业课程；也可以写参加过的一些重大的、对所求职位有意义的培训；还可以写在校期间获得的奖励、证书、资质等。

4. 工作实践经历

写一些与所求职位或者所属行业相关的工作或者实习经历，包括校内的活动、实习、见习或者实训兼职等信息。一般企业都比较注重实践动手能力，所以这部分如果有素材的话要详写，在平时的学习中应注重积累。

5. 其他

简历最后还可以写一下自己的兴趣爱好、特长、自我评价等，这部分如果不是特别出彩，建议不写。

6. 附件

简历之后最好附一些证书、作品的复印件，以佐证简历中的描述。

写作上还应注意以下事项：

（1）内容编排与选择

一般来说，简历以 A4 纸一页为最好，太多的话会给招聘人员带来很大的翻阅困难，不利于被采用；而且根据人的视觉习惯，最重要的内容应放在页面最中间。所以，以上内容在简历中的顺序、位置包括具体的内容都应根据个人实际情况来调整。例如，一个刚毕业的学生，工作实践经历较少，可以详细写一下专业技能、所获荣誉、专业资质、校内参加的活动、实习经历等内容。如果是已经有工作经验的，可以着重描述参与过的项目，获得成果等内容。

（2）语言表达

以客观陈述为主，尽量避免感情渲染；简洁、有条理，每项内容将"时间""地点""解决方式""结果"等几个要素交代清楚即可，细节可留待面试时详细介绍。例如"参加××、××等大型比赛，获得××奖""在××建筑公司从事施工员实习工作 2 个月，了解施工各环节注意事项，能够熟练使用测绘仪器"。

（3）制作细节

杨澜曾说："没有人有义务必须透过连你自己都毫不在意的邋遢外表去发现你优秀的内在。"写简历亦是如此。因此制作过程中应满足最基本的要求，即整洁、有条理性。在此基础上，可适当地进行修饰，比如个性化的简历封面，富有创意的排版设计等。

【例 8-11】

个人信息

王×× ｜ 男 ｜ 21 岁 ｜ 汉族 ｜ 党员
毕业学校:河北××工程技术学院 建筑工程技术专业
手机:138×××××××× ｜ 邮箱:××××@qq.com
求职意向:施工员,测量,放线等相关工作

职业照
（切忌放艺术照）

教育背景

√ 完成《建筑工程施工》《建筑材料》《结构识图》《工程测量》《建筑安全法律法规》《建筑识图》等专业课程的学习,成绩优异,获得 4 个学期的一等、二等奖学金;
√ 完成《建筑工程施工》及《工程测量》等实训,掌握了施工技术、测绘技术等;
√ 在校期间代表学校参加全国中职学生技能大赛,所在赛队获得国家三等奖。

校内活动

- ✓ 在校期间一直担任本班学习委员,学生会宣传部部长等职务,曾协助老师组织各类校园宣传活动,制作的"弘扬传统文化——清明节"手抄报获全校一等奖;
- ✓ 因为表现优秀,曾获"优秀班干部"、"优秀学生干部"、"优秀团员"等称号;
- ✓ 热爱体育运动,在校运动会中获长跑项目第一名,代表学校参加市运动会。

工作实习经历

- ✓ 20××年 7～9 月 在"××花园"小区建设项目中从事施工员工作。
- ✓ 20××年 2～9 月 在××建筑工程公司从事放线工作,这次工作中我熟悉了放线工作的具体内容,掌握了各种测绘仪器的使用,并获得"优秀实习生"的荣誉。

技能证书

- ✓ 获得测量工、钢筋工等高级技能证书。

教师评价

该生学习勤奋,成绩优异,不论是在班干部工作还是学生干部工作中都比较踏实、认真,学校组织的各项活动都积极参与,有集体荣誉感,在同学和老师群体中,都广受好评。

附件：各类荣誉证书复印件（略）

【点评】这是一份应届毕业生的简历,整体比较简洁,清晰,重点突出,没有多余修饰,符合建筑行业以及职位的特点。对于教育背景、校内活动、实习经历的描述较详细,展现了自己的专业能力以及个人素质,符合简历的写作原则和要求。

思考及练习

1. 下面这份求职信,有些地方写作不恰当,请找出来,并结合自己的理解,将其修改为一篇格式规范,语言表达较好的求职信。

尊敬的领导：您好!

首先衷心地感谢您在百忙之中能够浏览我的自荐书,为一位满腔热情的大学生开启一扇希望之门。

我叫魏××,毕业于××学院,建筑装饰设计专业的学生。听闻贵公司正在招聘人才,××总经理要我写信给您,请多多关照。

作为 21 世纪的青年,我以"严"字当头,在学习上勤奋刻苦,对课堂知识不懂就问,力求深刻理解。在掌握了本专业知识的基础上,不忘拓展自己的知识面。同时，为了全面提升个人素质，我积极参加各种活动，经过长期刻苦的训练。经历使我认识到团结合作的重要性，也学到了很多社交方面的知识，增加了阅历，我相信我在为人处事方面要比别人略胜一筹。

现在，我以满腔的热情，准备投身现实社会这个大熔炉中，虽然存在很多艰难困苦，但我坚信，学校生活给我的精神财富能够使我战胜它们。

希望贵公司能给我一个发展的平台，我会好好珍惜它，并全力以赴，为实现自己的人生价值而奋斗，为贵公司的发展贡献力量。

祝贵公司事业欣欣向荣，业绩蒸蒸日上，也祝您身体健康，万事如意！

此致

敬礼
                                                              魏××

                                                        ××年×月×日

2. 李舒同学是一名建筑装饰专业的中专毕业生，各科成绩优异，能够熟练使用 PS、CAD、3DMAX 等软件进行制图，参加过学校的"我的小屋"装饰设计比赛，曾跟随老师做过古建筑修缮相关的调查工作，请调查并分析一下，李舒选择哪些岗位投递简历成功几率比较大（限专业相关领域）。

3. 调查一下你本专业相关的岗位有哪些，岗位要求分别是什么？

8.5 策划书

策划是为了实现特定的目标，在调查、分析有关资料的基础上，提出相应的思路对策，制定出具体实施方案的一个过程。策划是一个思维过程，如何让别人对你的想法有清晰的了解，就需要制作策划书，也可称之为策划方案、企划书、计划书等。另一方面，策划书也是后期执行时的一个依据和准则，就像盖房子时用的图纸。

现有的策划包含的种类非常广泛，有的是从行业或较大的专业领域来说的，比如说旅游策划、房地产策划、影视策划、教育策划；有的是从策划的目标说，比如营销策划，品牌策划、招商策划、投资策划、融资策划，有的是从策划对象或内容角度来说，比如活动策划、会议策划、公关策划、会展策划、项目策划、广告策划等。

策划过程中要考虑行业特点、所要实现的目标、所具备的资源等方面，那么不同类型的策划书的内容也会有很大的不同。

简单来说策划书的结构包括标题、正文和落款，但实际上正文的内容会有很大的差别，大体来讲，应包含以下内容：

1. 标题

活动策划书的标题要包含活动的主题、类型或者目的，避免使用"促销活动策划书"这种模糊的标题。标题可以采用单标题形式，如《花园小区一期开盘认筹活动策划案》，也可以采用双标题形式，主标题写活动策划的内容，副标题为活动主题，如《××集团周年庆典活动策划书——一路有你 携手同行》

2. 正文

正文没有统一的格式和内容，一般包括以下内容：

（1）活动展开的背景、原因和意义，具体来说，包括行业发展现状，市场特点，主要竞争对手的情况，活动对于企业发展的意义，社会意义等，不需要面面俱到，根据活动内容有选择性地描述。

（2）活动的具体内容，包括活动目的，主题，时间规划，地点选择，环境布置，参与的人员和安排，活动的流程、步骤等。

（3）活动的执行细节，包括具体的人员分工、培训，费用预算，活动成效预估，交通与接待安排，活动中应注意的问题和细节，以及必要的应急、应变措施等。

（4）附件，若有比赛规则、评分标准、奖项设置等可以附于策划书最后。

3. 落款

策划书若篇幅较短，在策划案最后注明策划人的姓名、单位、职务、联系方式等信息，以及策划编制完成的日期。如果篇幅较长，策划人及日期信息一般位于首页或者封面。

活动策划书的写作时要注意：主题鲜明，主体不明确、不单一，就会使策划活动的构思与设计变得杂乱无序，传达给公众的信息也是零乱的、不明确的，活动的效果将受到很大影响。方案要具体、周全，方案越具体、明晰，执行起来越容易，越有助于目标的完成与实现；方案要充分考虑各种主客观条件、各种有利因素和不利因素，对活动中的一些突发事件有前瞻性预判，以保证活动的顺利实施。

【例 8-12】

××广场项目开工奠基仪式活动方案

××集团××管理中心　办公室

××年×月×日

一、项目背景

××集团成立于 1990 年，注册资金 8 亿人民币，业务涵盖房地产设计、开发、工程监理、销售、物业管理、房地产中介等，拥有国家建设部颁发的一级开发资质、甲级设计资质、甲级工程监理资质、一级物业管理资质及一级房地产中介资质，是一家综合实力比较强的房地产企业。

在继续打造人居项目的同时，商业地产成为××集团新的战略发展目标。随着××市城市发展战略规划出台，××新区的居住类地产发展已经很成熟，而相配套的商业地产还有待完善，具有很大的发展空间。××集团紧紧抓住这一发展机遇，经过深入调研和筹划，××广场项目应运而生。

二、活动目标

➢ 展示××集团的行业风范，树立和巩固品牌形象及行业地位；

➢ 通过奠基仪式掀起媒体宣传的第一波，从而吸引社会的广泛关注；

➢ 建立和市民及消费者的沟通渠道，扩大本案在××新区及周边的影响力，树立口碑，提升品牌的美誉度以及集团的信誉度，为项目启动营销奠定基础。

三、活动时间

××年×月×日（星期三）上午 9：00～12：00

四、活动地点

项目现场（××新区崇武路 17 号）

五、拟邀嘉宾

➢ 市委市政府相关领导

➢ 市住建局、消防局、工商局有关单位领导

➢ ××新区区委区政府领导

➢ ××集团、各分公司领导

➢《××日报》、××电视、"××电台"、"×市资讯"网站等相关媒体代表

➢ 项目施工人员代表

➢ 各分公司员工及当地群众代表

六、活动内容

1. 活动基调：热烈喜庆、庄重大气

2. 创意活动："扔苹果"祈福，舞狮

3. 活动基本流程

七、活动环境布置

区 域	布 置 内 容
主舞台	1. 钢结构舞台,坐北朝南,红毯铺设,两侧巨型花篮装饰,舞台右侧设立演讲台,表演专用音响设备一套; 2. 舞台前方铺设红毯,两侧摆放小型植物盆栽; 3. 主舞台正前方挖一奠基坑,周围铺设红毯,奠基石用彩带及红绸花装饰,周围放置若干把扎有红绸带的金铲; 4. 舞台东西侧……
周边环境	1. 项目附近主干道两侧插路引旗200面,项目位置指示牌3个,跨路条幅6条; 2. 项目入口处设置龙形拱门一座; ……

1. 场地规格（略）

2. 外围主干道铺设示意图（略）

3. 奠基现场具体平面布置图（略）

4. 主背景画面设计（略）

5. 路引旗设计（略）

6. 项目展板效果图（略）

……

八、活动执行细节

1. 活动具体流程及内容安排

时间	环节名称	具体内容
9:00～9:30	准备工作	所有工作人员、礼仪、舞狮队、调音师到达现场,进行现场各项准备和设备调试
9:30～10:00	祈福仪式	集团领导、项目代表"扔苹果"祈福
……	……	……

2. 现场人员配置及安排

岗位	人数	职责
总指挥	1	负责仪式前现场布置规划及效果调整,处理仪式活动中细节问题和突发事件
主持人	1	集团办公室主任担任
……	……	……

所有人员按照具体部门进行培训。

3. 所需物料及预算

物品	数量	预算(元)
矿泉水	300(瓶)	600
……	……	……

4. 筹备工作

➢ 提前向城管、工商、气象、交警等部门报批活动所需设置项,申请配合;

➢ 活动前5天向省气象局了解天气情况;

➢ 提前10天联系媒体;

➢ 提前5天向嘉宾发送邀请函,并及时确认。

5. 应急、应变预案

略

九、附件

工作人员联系通信录

【点评】这是一份较大型的活动策划方案,活动主题符合活动目的,活动设计贴合实际需求,符合行业特点,方案详细、具体、清晰,从中我们基本能够预想到现场是什么样子的，符合活动策划方案的基本要求。

【例 8-13】

<h2 style="text-align:center">校园寝室形象设计大赛活动策划书</h2>
——我的宿舍我做主

一、活动的意义

很多学生在学校都要经历住宿生活，几个在一起生活、交流，互相影响，形成寝室文化。寝室文化是校园文化的一部分，对每个同学的学习、生活，甚至人格形成都会产生影响。寝室形象设计大赛的举办，为同学们提供了一个展示个性和寝室文化的机会。在这一过程中，帮助同学们营造温馨、良好的生活环境，增进室友间的合作、交流和感情，加强寝室成员的归属感，从而建立良好的寝室文化，促进同学们的身心健康和发展。

二、活动主题：魅力新"室"界，我的宿舍我做主

三、报名时间：×月×日～×月×日

四、报名方式

以寝室为单位报名，有以下方式：1. 扫描活动海报上的二维码进行报名；2. 到班级生活委员处报名；3. 在各个学生宿舍宣传时可接受报名；4. 到校学生会活动室——宣传部处报名。

五、比赛安排

1. 宣传和报名阶段：×月×日～×日期间，将大赛活动策划书下发到各班班长和生活委员处，并短信通知各班寝室长；在校园宣传栏贴出宣传海报；利用校园广播、校报进行宣传和通知。开放各种渠道接受报名，×日公布报名信息。

2. 准备阶段：各报名寝室在×月×日～×月×日期间进行装饰设计，录制介绍视频、多媒体课件等。

3. 评比阶段：×月×日～×月×日期间进行评比投票

4. 比赛结果公布及颁奖：×月×日～×日期间进行投票结果和评分的公示，×日举行颁奖。

六、参赛要求

寝室形象分三部分进行设计和评比：

➤ 寝室名称，占 20%，要求各参赛寝室根据本寝室的特点取一个名字；

➤ 寝室环境风格设计，占 60%，要求在整洁、有序、干净、卫生的基础上，设计寝室的风格，创造性地运用材料进行装饰，但注意不要造成人为安全隐患；

➤ 寝室生活学习氛围，占 20%，要求展示寝室各成员之间的团结和谐关系以及学习氛围。

七、提交的材料

由各寝室负责人上交评比材料，包括照片、视频、多媒体演示文稿以及一篇介绍文字。

八、评比方式

第一轮由同学投票，占 50%；第二轮班主任、任课教师（3～5 名）、宿管投票，占 50%。设置多种投票通道，包括微信、网站、宣传栏，投票结果占 50%。

九、奖项及奖品设置

1. 最佳环境设计奖 1 名：100 元寝室公共资金。

2. 绿色环保设计奖 1 名：100 元寝室公共资金。

3. 学习风尚奖 1 名：100 元寝室公共资金。

4. 优秀宿舍若干（总数的 30%）：50 元寝室公共资金。

5. 所有参赛寝室均可获得生活用品类的小奖品。

颁奖时将邀请学校相关领导、学生工作部相关老师等出席参加。

十、人员安排

本活动由校学生会宣传部主导，学习部、卫生部、生活部、文艺部等配合开展相关工作。

校学生会宣传部负责出活动海报，策划活动方案，统计报名信息，接收参赛资料，根据投票得出评选结果，控制比赛各阶段的进度；

学习部负责制作网络报名通道、网络投票通道，整理网络报名和投票信息，帮助同学进行视频制作、多媒体课件制作，必要时协调学校机房的使用；

生活部负责通知各班班长和生活委员，收集各班汇总上来的报名信息，购买小奖品；

文艺部负责到各寝室进行实地宣传，鼓励同学们参与，同时接收报名信息。

十一、预算

根据报名情况，向学生工作部申请实际需要的奖金费用，制作宣传海报、投票用小贴画等材料费用。

十二、附件

详细的评分表

×××学校 校学生会宣传部

××年×月×日

【点评】这是一篇校园活动策划书，规划了"寝室形象设计大赛"的各个环节和人员、经费等事项，考虑比较周全、清晰，易于执行。格式规范，语言表达简洁明了。

思考及练习 🔍

1. 发挥创意，从以下主题中选一个，或者自拟主题，以小组为单位各设计一个活动，写出活动的目标、活动主题、活动具体内容，在班里进行"最佳创意"评选。

➤ 鼓励同学们走进图书馆，享受阅读乐趣；

➤ 提高同学们爱护、保护野生动物的意识；

➤ 引导同学认识、熟悉、热爱校园；

➤ 帮助同学学会垃圾分类，提高保护环境、节约资源的意识；

➤ 帮助同学们认识虚拟和现实，预防虚拟游戏沉溺，发掘生活之美；

➤ 鼓励同学们发展体育运动爱好，走进阳光，享受运动的快乐；

➤ 帮助同学增强法律意识，掌握一些实用的法律知识；

➤ 帮助同学认识科技发展对人们的生活的影响；

➤ 帮助同学提高安全意识，保护身心健康和安全。

2. 假设你是校学生会宣传部的成员，负责策划一场迎接新生的校园活动，并撰写策划书。

3. 从策划书的类型中选择一种，调查和总结其内容和写法。

8.6 简报

简报是机关、团体、企事业单位内部用于互通信息、沟通情况、汇报工作等的一种简短的应用文书。简报具有报纸性质，要求时效性，在格式上也有报头，报尾等元素。但简报又不同于公开的报纸刊物，一般仅限内部传阅，有的甚至有保密要求，而且有的简报具有专业性，如《招生简报》《建设工程招标投标简报》《建筑工程安监工作简报》。所以简报可以看作一种内部"小报"。制作简报的工具除了常用的文字处理软件，也可以使用演示文稿软件。

简报的种类很多，按时间划分，可分为定期简报和不定期简报；按内容划分，可分为工作简报、会议简报、动态简报；按照性质划分，可分为综合简报和专题简报。工作简报主要指用来反映工作开展情况，报告工作中出现的问题以及重大问题的处理情况。会议简报主要反映会议进展、会议中的相关发言、决议、讨论等情况，大型会议的简报往往具有连续性。动态简报，也可称之为情况简报，反映本单位、本系统内新情况、新动向、新问题、新安排等内容。

简报的格式一般分为报头、目录、报文内容和报尾。

1. 报头

简报一般都有固定的报头，包括简报的名称、期号、编发单位和发行日期。

简报名称可以直接写"工作简报""会议简报""简报"，也可以加上工作内容，如"校庆工作简报"，也可以加上工作单位，如"××集团××管理中心工作简报"。简报名称一般位于第一页正上方，字号较大，采用套红印刷。

【例 8-14】

期号位于简报名称正下方，一般按年度依次排列期号，有的还在后面标明总期号。

编发单位一般位于期号下面靠左侧，需使用全称。同一行右侧写发行日期，以领导的签发日期为准。

××集团××管理中心
工作简报

2010 年第 3 期（总第 165 期）

××集团××管理中心行政工作部编　　　　　　　　　2010 年 3 月 5 日

- 上交所相关专家莅临××管理中心调研指导上市工作
- 集团总部安全生产督导组来我司辅导 5S 推行工作
- 强化红线意识，促进安全生产——记消防演练活动
- ××项目开工奠基典礼圆满落幕，即日起破土动工

如果简报有密级要求，如"内部参阅""秘密""机密""绝密"等，则写在简报名称的左上角。

2. 目录

整个报头和目录、报文内容之间通常以一条粗线隔开。如果报文内容不止一篇文章，则一般有目录或者"摘要"。目录即报文中所有文章或者专题的标题列表，不用标页码。如果只有一篇文章，则不需要目录。

报头及目录如例 8-14 所示。

3. 报文

简报的报文内容可以是一篇文章也可以几篇文章，体裁上也比较广泛，可以是新闻稿、调查报告等新闻性质的文书，也可以是通报、公告等公文性质的文书，还可以是工作汇报，或专业知识介绍的文章。写作上根据具体内容和体裁按照相应文书的写作要求进行撰写。如果有多篇文章，一般会在每篇文章末尾注明稿件来源。格式上也没有统一的形式，有的简报可以采用报纸的排版样式，看起来丰富多彩。

4. 报尾

报尾在简报末页，用间隔横线和报文内容分开。报尾应包括简报的报、送、发单位以及印刷份数。报，指简报呈报的上级单位；送，指简报送往的同级单位或不相隶属的单位；发，指简报发放的下级单位。报、送、发一般位于左侧，印刷份数位于右侧，如下：

【例 8-15】

报：××集团总部行政办公室

送：××管理中心，××管理中心，××管理中心　　　　印刷份数：35 份

发：各分公司及各驻地办事处

【例 8-16】

××建设集团公司
安全生产工作简报
××年第×期(总第××期)

××集团公司安监部编　　　　　　　　　　　　　　　　××年×月×日

- 集团总部召开安全生产会议,部署××年度安全生产和应急管理等工作
- 本月集团在建项目安全质量报告

集团总部召开安全生产会议

部署××年度安全生产和应急管理等工作

为加强公司安全生产管理，有效防范各种安全事故的发生，特召开此次安全生产工作会议，对××年度安全生产工作进行安排部署。

会议强调本年度的安全工作目标是要实现全年零事故报告、无安全事故发生。

会议讨论和研究了以下内容：

1. 全面落实安全生产责任制，层层签订安全生产责任书。完善各项安全规章制度，根据公司实际情况调整安全管理重点。坚决执行事故隐患整改领导责任制，实行逐级管理；落实安全检查工作，总结安全工作中的不足，积极改进。

2. 坚持每月不少于一次安全例会、安全检查；每季度不少于一次安全教育培训活动；建立"三级"安全教育卡，做好教育记录，考试合格后方可上岗作业。通过多项举措提高员工安全生产意识，树立"安全第一、预防为主"的思想。

3. 开展"创安全文明工地"的活动，制定文明工地标准，每季度进行评比，调动安全生产积极性。

4. 制定和落实安全生产应急预案，组织相关应急演练。及时补充应急救援器材和设备，保证充足供应。

5. 合理使用安全生产管理费用，严格资金落实，不得挪用。切实改善施工人员的作业环境，避免安全事故的发生，做到专款专用。

6. 安监部做好公司全年的安全管理工作，项目经济严格按照施工组织设计、专项施工方案的要求组织施工。项目部加强对施工现场安全工作的检查，及时督促对存在隐患的整改。

7. "五一""十一""春节"等重大节假日前开展安全大检查，加强安全值班，确保节日安全。

本月集团在建项目安全质量报告

一、工程质量保证

1. 建立健全质量保证体系。在现有的质量保证体系基础上，为新开工的××项目、××项目配备相应的技术管理人员，明确质量管理目标，落实质量管理职责。

2. 严格把关进场材料。通过严格检查，本月进场材料和构配件均有出厂合格证和试验报告，切实做到不合格材料坚决清退，杜绝不合格材料在工程中的使用。

3. 严格控制施工质量。在施工小组领导、施工员配合以及监理单位的监督下，本月基础、剪力墙、柱、模板、脚手架施工严格按照图纸施工，并及时对照施工图纸检查。一经发现与图纸不符，立即对工人进行批评教育，并要求立即改正。

4. 内业资料及时整理完善。原材料及设备进场报验、隐蔽签证、质量保证资料等内页资料，与施工进度同步，各种签章及时、完整。

二、施工安全生产

认真开展预防"高处坠落"事故专项宣传和检查。

• 制定和完善了预防高处坠落事故专项施工方案和应急预案，下发至各项目部。

• 在所有在建项目施工团队中进行了 50 多场培训，发放宣传单 5000 多张。

• 检查出事故隐患 30 多处，已责令相关单位和人员进行改正。

• 进一步加强高处坠落的防护措施，特种作业人员持证上岗，配备合格的安全帽、安全带等安全防护用具；高处作业前，对安全防护设施进行验收。

报：××集团公司总部相关领导

送：××管理中心，××管理中心，××管理中心　　　　印刷份数：35 份

发：各分公司及各项目部

【点评】这是一篇专题工作简报，主要涉及"安全生产工作"，包括报头、目录、报文、报尾，格式规范、完整。报文中包含两篇文章，一篇是会议类的新闻稿，一篇是工作总结，分别按照两种文体的写作要求进行写作。因为都是安监部的稿件，所以两篇文章没有注明稿件来源。

思考及练习

为了鼓励同学们"学雷锋 讲文明"，践行"雷锋精神"，学校在 3～5 月份期间，举办了"学雷锋"故事演讲大赛，"寻找最美××人"摄影展，"校园文明之星"评比活动，在各个班级行了"我与雷锋精神同行"主题黑板报制作，各中层领导和各班班主任配合召开了主题班会等形式丰富的活动，请你根据这些活动编写一份"学雷锋"活动开展情况的校园简报。

要求：1. 遵循"简报"的写作格式；2. 至少包含 2 篇文章，每篇不少于 400 字；3. 有条件的做到图文并茂。

单元小结

　　本单元是拓展性地介绍一些常用的、集专业性与实践工作生活一体的应用文种写作实操。调查问卷的撰写需要了解某项专业知识，深入分析调查目标和要求；调查报告的撰写不仅和采取的调查手段有关，也和调查过程是否顺利，获得的资料是否丰富有关，还要求写作者有一定的分析、总结能力；新闻稿的写作对写作者的书面语运用能力要求很高，不仅要能够精准的遣词造句，有一定的文采，还要兼顾速度，满足时效性，即使是新闻传播专业的学生也需要进行大量的训练；策划书在撰写时，语言表达能够实现逻辑清晰、有条理这是最基本的要求，一份策划书的成功与否和策划能力息息相关——是否具备新颖、亮眼的创意，是否有可靠、周全的考虑，方案是否符合现实、可执行，策划能成功，策划书才算写得好；简报不能简单归结为一个文体或文种，简报的写作是一项综合活动，既有报刊型的格式，又涵盖很多文种的写作，更活泼一点，还要进行版面的编排，所以需要具备更多实践操作的能力。

拓展阅读与参考：

1. http：//www. gov. cn/gongbao/content/2013/content ＿ 2344541. htm 党政机关公文处理工作条例

2. http：//www. mohurd. gov. cn/bzde/bzfbgg/index. html 住房与城乡建设部发布的各类标准定额

3. http：//www. gov. cn/zhengce/2020-12/27/content ＿ 5574548. htm 中华人民共和国招标投标法实施条例

4. http：//www. ccgp. gov. cn/中国政府采购网

参考文献

［1］陈军川．建筑工程应用文写作．北京：北京理工大学出版社，2018．

［2］吴秋懿．建筑应用文写作．北京：北京理工大学出版社，2017．

［3］王擎宇，昝文枭．建筑应用文写作．北京：北京希望电子出版社，2016．

［4］闫娟，于会斌，于玲等．建筑应用文写作．北京：兵器工业出版社，2015．

［5］唐元明，徐友辉．建筑应用文写作规范与实务．北京：北京理工大学出版社，2013．

［6］程超胜．建筑工程应用文写作教程．武汉：武汉理工大学出版社．2012．

［7］郭筱筠．建筑应用文写作．北京：北京交通大学出版社，2010．

［8］林升乐．建筑应用文写作教程．北京：高等教育出版社，2000．

［9］谭吉平，周林．建筑应用文写作．北京：中国建筑工业出版社，1998．

［10］佟立纯，李四化．调查问卷的设计与应用．北京：北京体育大学出版社，2009．

［11］张宝忠．机关企事业单位应用文写作规范与例文：文秘写作、办公文案．北京：中华工商联合出版社有限责任公司，2014．

［12］袁智忠，谭德政．公务员常见应用文写作．重庆：重庆大学出版社，2011．

［13］张勤．应用文写作．杭州：浙江大学出版社，2015．

［14］胡小英．新闻传媒写作精要与范例实用大全．北京：中华工商联合出版社，2017．

［15］陈苏彬．实用文书写作．北京：电子工业出版社，2017．